化学实验室安全与管理

主编　刘晓芳　郭俊明　刘满红　白　玮

科学出版社

北　京

内 容 简 介

本书系统地阐述了高等学校化学教学实验室管理中的理论和实际问题，介绍了教学实验室的管理和安全知识，加强知识储备，完善管理体制，努力实现教学实验室管理的科学化、制度化和规范化。本书共9章，包括实验室管理概述、实验室队伍的建设与管理、实验室任务管理、实验室环境与安全的管理、教学实验室仪器设备的管理、教学实验室实验材料的管理、实验室一般安全设施、实验事故的应急处理、实验室废弃物的处理等。

本书内容全面、通俗易懂、系统性强，注重实用性和可操作性，可作为化学实验教学人员进行本/专科实验教学，实验室管理人员进行实验室管理的指导和参考书。

图书在版编目（CIP）数据

化学实验室安全与管理 / 刘晓芳等主编. —北京：科学出版社，2022.4
（2022.11 重印）

ISBN 978-7-03-071679-8

Ⅰ. ①化⋯ Ⅱ. ①刘⋯ Ⅲ. ①高等学校－化学实验－实验室管理－安全管理－研究 Ⅳ. ①O6-37

中国版本图书馆 CIP 数据核字（2022）第 032794 号

责任编辑：郑述方 / 责任校对：杜子昂
责任印制：罗 科 / 封面设计：墨创文化

科学出版社 出版

北京东黄城根北街 16 号
邮政编码：100717
http://www.sciencep.com

成都锦瑞印刷有限责任公司 印刷

科学出版社发行 各地新华书店经销

*

2022 年 4 月第 一 版 开本：720 × 1000 1/16
2022 年 11 月第二次印刷 印张：11 1/2
字数：232 000

定价：58.00 元
（如有印装质量问题，我社负责调换）

前　言

　　实验室是科学研究和人才培养的重要基地，是学生进一步巩固理论基础，拓宽知识面，提高动手能力，提高分析问题、解决问题能力和创新能力的重要场所。高等学校在培养人才方面特别是基本技能方面，通过重视和加强实践性环节来实现，而学校内实践性环节的实施，要在实验室中，它是具有一定规模和实验条件，能对学生有组织地、系统地开展实验教学的基地。我国高等学校的实验室，以往是由教研室领导，按课程设置的。这样设置的实验室管理体制有很多弊端：一是不利于人才的培养；二是实验室和实验场地占用面积越来越大，利用率越来越低；三是各自为政，实验仪器设备重复购置，资源不能共享。高校实验室管理是一项长期而复杂的系统工程，其涉及面大、工作繁重。云南民族大学化学与环境学院历来重视实验室管理与实验室安全教育工作。在实验室管理方面，提出以培养学生实践能力、创新能力和提高教学质量为宗旨，以实验教学改革为核心，以实验资源共享为基础，建立有利于激励学生学习和提高学生能力的有效管理机制，全面提高实验教学水平和实验室使用效率。近年来学院统筹安排调配，整合了分散管理的实验室，共享实验教学资源，开放实验室，以满足学生自主学习的需要。而实验安全防护是高等学校安全保卫工作的重要组成部分，学院也始终坚持把"以人为本、预防为先"的安全管理理念贯穿于教学实践中。

　　高等学校的教学主要包括理论教学和实践教学，二者是教学体系中既相互联系又相互独立的重要环节，实践教学在培养实践能力和创新能力方面具有理论教学所不可替代的作用。实践教学是大学生素质养成、能力培养的重要环节，是整个教学工作不可分割的一部分，其质量的好坏直接关系到人才培养质量的高低。发展学生的智力，培养学生的能力，只靠课堂理论教学难以实现，必须贯彻理论联系实际的原则。加强实验室建设，提高实验教学质量，培养高素质创新人才已成为新形势下高等学校教学的紧迫任务。

　　化学实验对于培养高等学校理工科学生的基本实践能力发挥着重要作用，大学化学实验的各项教学改革更是为提高高等学校学生的创新能力提供了平台，但由于化学实验本身所具有的危险性，其过程中的安全隐患远高于其他实验。因此，强化安全制度的可操作性，提高实验室人员的管理水平，营造实验室安全防护氛围是我们努力的方向。本书从实验人员应掌握的基本知识出发，通过介绍实验室管理和安全知识，以及使用仪器的规程，提高实验室的管理和安全水平，加强实验室使用者对实验工作潜在危险的认识，从而降低有关的危险性，以及建议如何采取有效的方法处理实验过程中可能发生的意外等，并对可能出现的意外进行简单而正确的处理。

　　本书整合了编者多年从事实验室工作的教学管理经验和体会，分别从实验队伍的建设与管理、实验教学管理、教学实验室仪器设备的管理、实验室安全等方面阐述了实验室运行中有关重要环节的管理控制方法和如何强化实验室安全防范意识。

　　在编写本书过程中，编者参考了兄弟院校已出版的书籍，也得到了云南民族大学化学与环境学院专家、领导及黄超老师、杨志老师等的无私帮助，他们为本书的编写提供了诸多合理化建议，同时科学出版社郑述方编辑为本书的出版提供了热心帮助，在此一并表示诚挚的谢意！

　　由于编者水平所限，书中不当之处在所难免，恳请读者批评指正。

编　者

2022 年 1 月

目　　录

第1章　实验室管理概述

在人类社会发展的历史中，社会的进步与和谐、生产的发展、人类的文明，都与科技进步密切相关。而科技的进步离不开科学研究，科学研究的成果来源于实验。科学实验是知识的源泉，是人类认识自然、改造自然最直接的活动，是推动社会进步及科技发展的动力。从 1673 年荷兰的安东尼·列文虎克（Antonie van Leeuwenhoek）发明第一台能放大 200～300 倍的显微镜，1781 年英国的詹姆斯·瓦特（James Watt）制造出第一台有实用价值的蒸汽机，1821 年英国的迈克尔·法拉第（Michael Faraday）发明电动机，1866 年德国的维尔纳·冯·西门子（Ernst Werner von Siemens）发明发电机，1869 年俄国的德米特里·伊万诺维奇·门捷列夫（Dmitri Ivanovich Mendeleev）发现元素周期律，1876 年美国的亚历山大·格拉汉姆·贝尔（Alexander Graham Bell）发明了电话，1879 年美国的托马斯·阿尔瓦·爱迪生（Thomas Alva Edison）发明电灯，1889 年法国的路易斯·巴斯德（Louis Pasteur）发明狂犬疫苗，1895 年德国的威廉·康拉德·伦琴（Wilhelm Conrad Rontgen）发现 X 射线，到 1920 年美国建成世界上第一个无线电广播电台，1946 年美国的宾夕法尼亚大学研制出世界上第一台电子计算机，1952 年英国的马丁（Martin）创立气相色谱法，1957 年苏联成功发射世界上第一颗人造卫星等，这些对社会的发展和人类的进步做出了巨大贡献。这些发明创造都是在实验室中完成的，实验室为科学发明创造提供了必要条件。同时，科学技术的进步又促进了实验室的建设与发展，也使得实验室的管理逐步形成一门科学。

1.1　实验室的产生与发展

实验的萌生与发展要追溯到人类文明史的开端，古代中国、印度、埃及和巴比伦是四大文明古国，为人类文明做出了卓越的贡献。四大文明古国的先民们，通过对自然现象的观察，在生产劳动中不断实践和试验，创造了人类最初的文明。

古代人类的生产试验是一种直观的经验，它是科学的胚胎。而实验则是比用直观的生产经验认识物质的各种性质、各种对象特点和各种运动形态更高一层的方式。那么，生产试验又是怎样演化为实验的呢？当人类的社会生产力发展到一定阶段后，产生了畜牧业和农业分离的社会大分工，随后又逐渐地使体力劳动与脑力劳动分离开来，脑力劳动者在社会生活中有了一定地位，并逐渐发展成为一个阶层。他们中有许多人,致力于创造和发展人类文化。一些与直接生产联系最密切的学者,把在社会生产过程中萌生的想法,用以探索自然界某一物质属性、特质而形成的某种技术的方法,有目的性地移植于普遍探讨自然界各种物质现象,这样就创立了直观经验实验方法。例如我国古代曾经做过工匠并长期生活在劳动人民之中的学者墨翟及其门徒,就运用了这种方法。获得丰富的材料,对研究的某一自然物质现象,能够做出某种理论说明,或者提出某种原理或定律予以概括,这时实验便从生产的试验中脱颖而出。

当古代生产试验还是为了形成和完善工艺技术时,工厂就是"试验室",生产工具就是"试验工具"。进入从事科学研究的直观经验实验时期,实验条件还是极其简单,实验是在近则取之于身、远则取之于物的条件下进行的。例如我国墨翟进行的光学物理实验,用的就是自己站在阳光下的身体和当时的生活用具铜镜。希腊的阿那克萨哥拉和恩培多克勒所进行的空气、水的物质性实验,用的也是厨房用具和黑墨汁等。总之,当时的实验,既无专用场所,也无特制的实验器材。

广义地说,他们进行实验的场所就是实验室的雏形,他们所使用的工具、物品,就是实验仪器。从发明望远镜的伽利略·伽利雷(Galileo Galilei),发明电动机的迈克尔·法拉第(Michael Faraday),发现万有引力定律并且发明了反射望远镜的艾萨克·牛顿(Isaac Newton),以及磨制对日取火金属凹面镜的实验科学的先驱者弗朗西斯·培根(Francis Bacon),到在天文观察台开展实验研究的尼古拉·哥白尼(Nicolaus Copernicus)等,他们的实验室大多是私人的用房或生活场所,几乎没有专门实验用的建筑物,其场所具有浓厚的作坊性质,所以最早的实验室都是以私人实验室的形式出现。随着社会生产力的提高和技术需求增高,科学实验的规模迅速扩大,科学家的研究实验开始从个体发展成为科学团体组织。例如,意大利1657年建立的齐曼托学院,德国1672年创办的实验研究学会。最重要的,也是在科学研究中有重大贡献的,是1666年法国的路易十四决定建立一所官方的科学院来推动法国的科学发展。这些实验室主要是进行科学研究,尚未引入学校作为教学基地。

随着社会的发展和科技的进步,人们越来越认识到人才在科学研究中的作用,实验室的功能也逐步向科学研究与人才培养相结合过渡,逐步建立了教学实验室。19世纪初期,英国格拉斯哥大学化学系教授托马斯·汤姆孙建立了第一个供教学实验用的化学实验室。后来,英国物理学家威廉·汤姆孙(William Thomson)教授又在该校建立了第一个用于教学的物理实验室,著名的剑桥大学卡文迪什实验室也于同时期建立。各国著名的大学也相继成立了实验室。这些世界知名的实验室有一个十分突出的特点,就是主持人都是著名的科学家,工作人员也多半是优秀的科学家。所以近200年来,许多重大的科技发现都来自这些历史悠久的实验室。现在,实验室已成为理、工、农、医等院校的重要支柱。很多文科院校或专业也逐步建立了实验室,充分利用现代科学技术开展研究和教学,并把研究成果建立在可靠的基础之上。所以,实验室的建立,不仅对理、工、农、医等院校是必要的,而且对文、史、政、经、法等院校也是必需的。只有抓紧抓好实验室的建设,才能使学校的教学、科研水平得到提高,才能使教学和科研建立在科学的基础之上。

从实验室的产生和发展过程中,我们也看到一个历史变革:19 世纪以前因为生产发展需要,提出发展技术要求,然后由技术发展推动自然科学及其理论向前发展这样一种"生产—技术—科学"发展顺序模式。进入 20 世纪以后,已转变为"科学—技术—生产"的发展顺序模式。也就是说,在现代自然科学及其理论的发展中,科学实验成为新技术产生的先导,而当新技术出现后,就为社会生产提供了高速发展的推动力。现代社会人们正是在这种发展模式导向下,全力以赴在实验和在以实验为基础的理论建设中去发展科学。这种现代科学主动与现代社会经济发展高度结合的关系,已成为现代学校、科研院所、生产企业建设科学实验室的强大推动力量,也使科学的实验室,从部门向地区级、国家级、国际级发展。实验室的规模越来越大,甚至从地上实验室发展到海洋实验室、太空实验室等。

我国教学实验室的建设与发展,得到了党和国家及各级政府的高度重视,促进了高等学校实验教学理念的不断更新。20 世纪 50 年代提出了实验教学用于培养学生的三基能力:掌握实验基础知识的能力;掌握基本实验方法和基本操作的能力;培养学生分析问题和解决问题的能力。60 年代提出了通过实验培养学生严谨的科学态度、提高逻辑思维能力。80 年代又强调对创新能力的培养。1986 年成立全国高等学校实验室管理研究会,象征着我国高校的实验室工作进入了一个新的阶段。1992 年 6 月 27 日国家教育委员会下发的《高等学校实验室工作规程》,第一次将高校实验室的建设纳入法治化管理,对提高实验室的建设与管理,促进实验室规范化管理,具有指导性意义。2004 年教育部出台的《普通高等学校本科教学工作水平评估方案(试行)》中,实验室建设和实验教学改革由原来的一般标准,提升为重要指标,这对实验室的建设与实验教学改革起到了重要的推动作用。实验室作为进行实验教学、科学研究、提高学生综合能力的重要场所,其地位日显重要。

1.2　高校实验室的性质与分类

1.2.1　实验室的性质

实验室是指具有一定数量的人员和仪器设备、房屋等物质条件的基层单位。

作为基层单位,高校实验室要行使学校授予的管理职权,代表学校管理好实验室的资产、组织培训好实验室技术人员,完成教学、科研、技术开发、社会服务等各项任务。因此,实验室必须相对稳定,实验室的建立必须经过一定的审批程序。建立实验室要满足教学、科研与社会服务的需要,能充分发挥一个集体的整体效益。实验室的建设内容应包括实验室工作人员队伍的建设、仪器设备及设施的建设、实验室环境条件的建设、实验室建制及管理体制的建设、规章制度和规模的建设等,其最终目的是用较少的投入产生较高的效益。

1.2.2　实验室的分类

目前,我国高等学校的实验室种类繁多、规模悬殊、层次不同,再加上对其分类缺乏认真的科学分析,致使分类的依据和标准很不一致。实验室分类的主要依据是实验室承担的主要任务、实验室相对应的学科性质,以及实验室归属的管理层次等方面,具体有以下若干种。

1. 按实验室承担的主要任务进行分类

高等学校实验室按实验室承担的主要任务可分为教学型实验室、科研型实验室、综合服务型实验室三大类型。

(1)教学型实验室。

教学型实验室承担的主要任务是实验教学兼顾科学研究,高等学校大部分实验室都属于这类实验室。教学型实验室的特点是:验证科学理论,实验方法系统成熟,实验手段比较简单,便于培养学生的实验技能。

(2)科研型实验室。

科研型实验室承担的主要任务是科学研究,进行科研实验。高等学校只有在某一方面具有明确的科研任务时,才建立科研型实验室。科研型实验室的特点主要是:检验科学假设,进行各种研究,实验方法及实验方案多变,需要较深较广的专业知识和技术水平及较现代化的设备和技术手段。

(3)综合服务型实验室。

综合服务型实验室承担的主要任务是为校内外提供实验教学、科学研究、分析测试和开发服务,具有多种功能。高等学校为提高仪器设备的使用率,避免小而全、重复购置所造成的浪费而建立这类实验室,如计算机中心、分析测试中心、显微镜使用中心、电教中心等。这类实验室的特点是:配置多种先进技术仪器、规模较大、实验能力较强。实验内容和方法除兼有教学、科研实验室某些性质外,还具有水平高、难度大和手段新等特点。

2. 按实验室相对应的学科性质进行分类

高等学校实验室以对应的学科（课程）性质可分为基础实验室和专业实验室两大类型。

（1）基础实验室。

基础实验室对应的学科（课程）性质为各专业以基础课程实验、基础研究实验为主的实验室，是开展基础课程实验教学和基础研究实验的基地，如物理实验室、化学实验室等。

（2）专业实验室。

专业实验室是指以专业课程、专业领域研究为主的实验室，开展专业课程实验教学，开展专业领域的科学研究、技术研究、应用研究，如给排水实验室、检测技术实验室等。

3. 按实验室归属的管理层次进行分类

高等学校实验室按其归属管理层次可分为国家级实验室、省市部委级实验室、校级实验室和院级实验室等类型。

（1）国家级实验室。国家级实验室，是国家直接专项拨款投资，国家计划指令重点建设的实验室，管理上直接或间接地受国家主管部门的指导和控制。其特点是：国家级实验室具有先进的实验技术条件，是代表国家某一学科最高学术水平、实验水平和管理水平的实验基地和学术活动中心，一般都属于研究型实验室，在国家的基础科学研究或应用科学研究中，发挥着"龙头"作用。为此，国家级实验室主要承担国家攻关课题的研究和培养国家高级研究人才的任务。

（2）省市部委级实验室。省市部委级实验室一般为省市部委计划指令重点建设的实验室，管理上直接或间接地受省市部委主管部门的指导和控制。其特点是：多为面向行业的应用性研究而设置，大部分是研究型实验室，小部分是服务型实验室。承担行业中重大科研项目的研究和技术开发工作，同时还承担着培养国家高级研究人员的任务。

（3）校级实验室。校级实验室或称为中心实验室，为高等学校内部计划指令建设的实验室，管理上直接受学校主管部门的指导和控制。其特点是：多为本校重点发展的实验室，往往集中了多学科、多专业通用的大型精密贵重仪器设备。一般为混合型实验室，即研究、服务和开发混合在一起的实验室，以校内服务为主，兼顾社会服务，如电教中心、分析测试中心、计算机中心等。

（4）院级实验室。一般为高等学校根据教学课程和研究项目的要求而建立的实验室，管理上直接受学院的指导和控制，属于最基层的实验室。其特点是：大多数为教学型实验室，少部分为研究型实验室。主要承担本学科课程的实验教学任务，同时兼顾科研课题的研究任务。

1.3　实验室的地位与作用

实验室是科学研究的重要基地，高等学校实验室既要办成教学中心，又要办成科研中心。而高等学校的教学实验室是主要从事实验教学工作的实验室，是培养学生动手能力，提高分析问题、解决问题和创新能力的重要场所，是具有一定规模和实验条件，能对学生有组织地、系统地开展实验教学的基地。

1. 科学是以实验为基础的，科学实验是科学理论的源泉，是自然科学的根本

一切科学技术的发展都是以实验为基础的，不论古代、近代还是现代的科学时期，所有的新知识、新技术、新发明，都是建立在科学实验基础之上的，没有科学实验就没有近代自然科学的诞生，这是已被无数事实证明了的。

2. 实验室是开展科学研究的重要基地

近十几年来，高等学校的科研工作在我国的各项科学研究领域中一直处于十分重要的地位，在国家颁发的自然科学研究成果的各类奖项中，高等学校的获奖数占获奖总数的比例也越来越高。可见，高等学校的实验室不但承担着教学任务，也是科学研究的主要承担者，是开展科学研究的重要基地。所以在高等学校的实验室建设中，既要为教学实验创造条件，又要为科学研究实验创造条件，充分发挥实验室在经济建设中的巨大作用。

3. 实验室在人才培养中的作用

在知识经济的时代，国家的创新能力，包括知识创新和技术创新能力，是决定一个国家在国际竞争和世界格局中地位的重要因素。高等学校的基本任务和教学目的，就是培养高层次专业人才，培养创新型人才，使他们在各方面有较高的素养。高校实验室是培养创新型人才的摇篮，学生只有在实验室中通过实践能力和科学思维的训练，才能成为经济建设的优秀人才。高等学校实验室不仅可以授以知识和技术，培养学生分析问题、解决问题的能力，培养学生理论联系实际的能力，而且还可以影响人的世界观、思维方法和工作作风。

高等学校在培养人才方面特别是基本技能的培养方面，要通过重视和加强实践性环节来实现，而学校内实践性环节的实施，主要是在实验室中，通过实践教学和科学研究活动来进行。学生在实验室进行实验的过程，是知识学习和能力培

养的统一。学生通过实验，可进一步加深理解所学的理论知识。同时，学生可通过实验来认识自然规律，学习新知识。通过实验操作、观察实验现象、数据记录与分析、解决实验中出现的问题等过程，培养学生的观察能力、动手能力和创造能力。通过实验数据的处理、结果分析、编写实验报告，培养学生的逻辑思维能力和写作能力。学生在整个实验教学活动中，在知识、能力和素质培养等方面都得到了发展。发展学生的智力，培养学生的能力，只靠课堂理论教学难以实现，必须贯彻理论联系实际的原则。

1.4　实验室的管理内容、方法及意义

1.4.1　实验室的管理内容

实验室的管理内容概括起来主要有以下两方面。

1. 综合管理

（1）计划（规划）管理。

计划（规划）管理是以人、财、物为对象，以保证实现科学研究、人才培养、学科发展，搞好综合平衡，协调好实验室各项活动为目标的全面的、综合的计划（规划）管理。

（2）质量管理。

质量管理主要是以实验室的各项任务和活动为对象，以运用科学的方法培养出社会需要的人才，研制出最新的科学成果并为教学、科研、生产技术开发提供优质服务为目标的全面质量管理，这也是实验室管理中重要的监控手段。

（3）实验室队伍管理。

实验室队伍管理主要是以人才为对象，以激励人才上进，提高实验室工作队伍素质为目标，把对人员的聘任、培训、考核、晋升、奖惩等密切结合起来的人事劳动管理。

2. 专业或任务管理

专业或任务管理主要包括以下几个方面。

（1）实验教学管理模式与运行机制。

（2）科研实验管理。

（3）实验室仪器设备配置与使用管理。

（4）实验材料与低值易耗品管理。

（5）安全技术管理。

（6）实验室基本信息与档案管理。

（7）实验室经费与检查管理。

1.4.2 实验室的管理方法

高校实验室管理包括实验室建设规划、仪器设备管理、人员管理、技术管理、实验质量控制等若干个子系统。这些子系统不是孤立的，而是既相互联系、相互制约，又与其他管理系统如教务系统、科研系统等发生联系。因此，高校实验室管理是一个整体的动态系统，应当从整体着眼对待部分，使部分服从整体。

实验室的管理方法主要有以下几方面。

（1）规章制度管理。

实验室规章制度是实验室开展教学、科研工作的制度保障。建立各类相关的制度来规范实验室的各种活动，也可使实验室的各种资源充分发挥其功效。

（2）计划管理。

计划管理是用科学的方法，对实验室人员、任务、时间、经费进行管理。

（3）技术管理。

技术管理主要指实验室的实验操作程序、专用仪器设备的操作程序、实验技术档案、实验项目档案、仪器使用与维修记录、实验室特殊容器、实验废弃物、科研课题与实验成果等方面的管理。

（4）行政后勤管理。

行政后勤管理是对实验室的日常事务，实验室人员、设备、账目，实验室对外开放，实验室的水、电、通风，实验室安全等方面的管理。

（5）经济管理。

经济管理主要是指对实验室建设、运行和开放等的经费管理。

（6）计算机管理。

计算机管理主要是利用计算机对实验室基本信息和实验教学实行的管理。利用信息管理系统，可制作实验的多媒体课件及实验教学录像。学生可查询实验、预习实验、模拟实验。

1.4.3 实验室的管理意义

1. 实验室管理是建设和发展实验室的需要

20 世纪 80 年代以后，我国高等学校的实验室建设规模不断扩大，快速发展，给管理工作者提出了许多新课题和更高的要求。所以，迫切需要加强实验室科学化管理的研究。

2. 实验室管理的实践和理论研究，是提高实验室管理水平的需要

实验室管理人员必须懂得科学管理的理论知识和技术方法，掌握实验室管理的规律，不断提高管理人员的素质和科学管理水平。把从实践中取得的丰富经验和现代管理理论结合起来，形成具有特色的实验室科学管理的理论和方法，这对我国当前和今后实验室科学管理有着非常重要的指导意义。总之，研究和应用实验室科学管理，有助于提高整个实验室管理队伍的素质，改善管理现状，提高管理水平，可使实验室管理工作为实验室建设和发展做出积极的贡献。

第2章 实验室队伍的建设与管理

实验室管理涉及人、财、物、规划、任务、信息等诸多因素，是一项复杂的系统工程，在这些因素中，人始终处于核心地位。抓好人这个关键因素是盘活物、理好财、形成合理规划等其他一切工作的前提。实验室管理人员是高校实验室管理的核心，也是最重要的资源，如何构建一支高素质的实验室管理队伍，是高校实验室管理的核心课题。实验室队伍的建设，直接关系到学生培养的质量，关系到学校的教学与科研水平。高校实验室队伍分为专职和兼职人员，主要包括在实验室从事教学实验及科研实验的教师和科研人员、实验技术人员、实验技术工人、实验室管理人员四类人员。实验技术人员是实验室工作的骨干，主要负责实验室各项日常工作。实验室队伍管理就是要努力发现、选配、使用、培养好实验室的技术人员和管理人员，实现合理的岗位配置，合理的梯队结构，从而做到人尽其才，在实验室活动中发挥他们的积极作用。实验室队伍管理需要建立一个完善有效的管理机制，从而使实验室队伍的规划、补充、聘用、考核、培训、奖惩、流动等有章可循，有法可依。

2.1 实验室队伍的任务

实验室是高校工作者及学生进行科学研究的基础和保证，是促进产、学、研协调发展的平台。实验室服务于教学，为高校和社会培养研究型学术人才；实验室服务于科研，为教师和学生参与项目或课题开发提供有力保障。通过实验室不断进行实验研究，既能锻炼动手能力、升华理论知识，又有助于对提出的科学问题进行解答和验证，为科研成果向现实生产力的转化提供关键技术参数和指标。当前实验室建设与改革任务十分繁重，其队伍担负教学和科研实验的双重使命，同时他们还要服务于社会，推动社会经济发展和科技进步。实验室队伍的这些任务具体体现在如下几个方面。

1. 制定发展规划

根据实验目标和实验室的学术方向，以及科研任务的要求，实验室队伍要制定实验室建设的近期和长远的发展规划，统筹人力、物力、财力，有计划、有重点地组织实施实验室工作。

2. 承担实验教学任务

根据教学计划和教学大纲的规定，实验室人员要编写实验讲义或实验指导手册，承担实验教学任务，改革实验教学方法，提高实验教学质量。

3. 进行科研学术活动

实验室人员有着丰富的实践经验，能够掌握第一手的实验数据和材料，因而要为科学研究积极创造条件，在完成科研实验的同时，要积极撰写科研论文，参加学术和技术交流活动。

4. 开展实验技术的研究

实验能否取得成功，取决于实验器材与技术的好坏。实验室人员要负责仪器设备的安装、调试、验收、维护保养、运行及管理，还要尝试自制仪器设备和实验装置及实验标本，努力开发精密贵重仪器和大型设备的其他功能，为教学、科研、社会服务，并拟定仪器设备操作规程。

5. 进行产、研联合开发

实验室人员在完成实验教学和科研实验任务的前提下，通过积极开展面向社会的实验、测试、化验、分析、计量、计算、维修、加工和制作等技术性服务工作，进行产、研联合开发。

6. 承担实验室的行政管理和日常工作

为确保实验教学任务的顺利进行，实验室人员要负责实验前的准备，仪器设备的日常维护保养等工作。

2.2　实验室队伍的作用

实验室队伍是实验教学和科研的一支重要力量，他们在教学和科研中发挥的作用日益突出，其作用具体体现在以下几个方面。

1. 在实验教学中，他们是培养学生各种实验技能的导师

实验室队伍利用实验室安排各种类型实验，使学生接触并学会操作大量的仪

器设备，完成各种类型的实验课题，排除形形色色的技术故障，训练和提高各种实验技能。他们在从事具体的实验工作时，负责辅导和引导学生顺利完成实验，可以说实验人员是学生实验学习的导师。

2. 在科研实验中，他们是教师和科研人员的得力助手和合作者

为达到培养目标，实验人员和相关课程教师通过合作，共同完成对学生的实验教学任务，从这个意义上讲，他们是任课教师的得力助手。另外，科学的发展、发现和发明几乎无一例外地是科学实验的结果，科学理论的重大突破没有实验加以验证也很难得到证明。所以大多数科技工作者大部分时间都在实验室里工作，与实验打交道。实验人员在这些活动中与科技人员通力合作，并肩作战，成为科技人员的良好合作者。

2.3　实验室队伍的职责

实验室队伍的不同岗位决定了他们在实验室中承担着不同的责任。在实验室队伍管理中，需要明确各方责任，实行实验室主任负责制下的岗位责任制。

1. 实验教师和科研人员的职责

实验教师和科研人员是实验室队伍的主体力量，在实验室里起主导作用，其主要职责体现在以下几个方面。

（1）协助实验室主任制订实验室规划、实验教学计划和各项规章制度。

（2）指导学生实验，完成实验教学任务，开展实验研究。

（3）编写实验指导书。按照素质教育、人才培养的目标及教学大纲的要求，参与编写和完善实验教材、实验指导书、实验讲义等教学资料。

（4）预做实验。按照实验指导书要求，对要求开出的学生实验内容进行准备，熟悉实验过程和实验方法，测出实验数据，进行实验分析，研究实验装置和实验内容，写出实验报告，保证学生实验项目设置的合理性。

（5）根据教学和科研任务，购置、自制、设计、安装、调试实验仪器和装置。

（6）设计实验方案，研究实验方法，探索实验技术，讲授实验理论，开展实验教学和科学实验工作。

（7）研究和探索仪器设备功能开发，改革实验内容，更新实验手段，拟定考核方案。

（8）与实验技术人员一起负责实验管理、实验室建设。

（9）收集情报资料，开展学术交流。

2. 实验技术人员的职责

实验技术人员在实验室工作中起骨干作用，其主要职责有以下几方面。

（1）承担分配的实验教学和科学实验工作，指导和辅导学生完成实验教学，帮助排除实验故障。

（2）准备实验仪器设备和实验耗材。根据实验内容及进行实验的学生数量准备一定量的实验仪器设备套数和消耗材料。

（3）进行实验室仪器设备的管理。按照学校有关制度，对实验室仪器设备和材料、低值易耗品等物资进行维护维修，并进行登记管理；对大型精密（贵重）仪器设备进行建档管理。

（4）具体负责实验室的技术工作，如仪器设备的安装、调试、维修、改装、功能开发等。

（5）参加实验室规划的制订工作，参加实验设备的调查、选型、论证工作，并根据自己的实践经验，提出建设性意见。

（6）进行实验室安全、环境管理。

（7）承担实验室的日常工作和日常管理工作，完成实验中心主任交办的其他工作。

3. 实验技术工人的职责

（1）从事实验室工作的技术工人，要服从实验中心主任的工作安排，要热爱本职工作，刻苦钻研业务，注意分工协作，积极完成各项教学实验和科研任务。

（2）实验室技术工人必须熟悉本实验室有关仪器设备的原理、性能，做好仪器设备的经常性保养、维护、检修及调试工作，保证仪器设备的完好率。

（3）协助实验技术人员做好实验准备工作，确保实验的顺利进行。

（4）严格执行实验室的各项规章制度，管好、用好有关仪器设备，积极参与仪器设备的技术改造和更新工作。

4. 实验室管理人员的职责

实验室管理人员是实验室工作的服务者和管理者，同时又是各级领导的参谋和助手，在实验室工作中发挥着监督保证作用，其主要职责有以下几方面。

（1）贯彻执行上级部门制订的有关实验室工作的方针、政策、法令和规定，根据实验室担负的教学、科研任务，拟订实验室建设和发展的规划和年度计划。

（2）组织制订和审核校、院、系、室实验室规划，负责统计、分析和报表。

（3）组织和实施实验人员的业务培训、考核，技术职务的评定和聘任。

（4）做好后勤保障工作，实验物资要保证供应，同时要协调水电动力、房屋环境条件等后勤保障工作，努力转变作风，切实做好服务工作。

（5）制订、执行并督促检查实验室各项规章制度的贯彻执行情况；按时上报各类报表，定期检查、总结实验室工作，开展评比活动。

2.4　实验室队伍的考核

实验室队伍建设是保证顺利完成各项实验教学和科研任务的基础，为了加强对实验室人员的培养与合理使用，需要掌握他们在工作中的表现、态度和成绩，调动他们的积极性和主动性，不断改进实验室建设和管理工作，提高实验教学质量。学校对实验室人员应做好考核与奖惩工作。建立健全科学、客观、公正的考核、评价、激励机制，对实验室人员的考核评价方式和指标要有利于实验创新和实验教学水平的提高，考核内容包括职业道德、业务能力、教改成果、技术开发、实践技能等，考核结果作为岗位聘任、进修培训、评奖评优的重要依据。将实验室队伍分为实验室从事教学的实验教师、实验技术人员、实验技术工人、实验室管理人员四类人员，进行统一管理、分类考核。

分类考核是对实验室队伍各类人员，按照其工作职责要求进行具体的评价。

对实验室管理人员的考核，主要考核在实验室规划与建设、实验教学改革与指导、工作监督与协调、团队建设及作用发挥等方面的表现。

对实验教师的考核，除备课充分、上课认真、教案及相关材料完备外，还主要考核实验教师上课的质量及效果（可通过专家听课、学生评教来体现）、实验教改与创新（可通过相关教改论文来体现）、实验教学特色（可由教学方法、教学手段等体现）等方面。

对实验技术人员的考核，主要考核实验准备工作是否及时，准备的药品及相关材料是否充分，仪器设备维护是否完好，仪器设备的账、物、卡是否相符，实验相关资料是否及时收集和整理等。

对实验技术工人的考核，主要考核对有关的仪器设备的保养、维护，检修是否及时，仪器设备的完好率如何等。

对实验室队伍各类人员的考核应该注重平时、注重实效，可采取专家听课、学生评教、领导督促等形式，并结合工作态度、敬业精神、出勤、与教师协作等情况进行综合评定。在此基础上，发现先进、总结经验、做好宣传、树立形象，并对取得较好实效者给予奖励；对在实验教学、实验室管理工作中不负责、不能完成规定工作任务甚至造成不良影响的实验技术人员给予相应的处分或调离岗位。做到奖罚分明，才能充分发挥实验室队伍各类人员的积极性，更好地为实验室工作贡献力量。

创建和谐环境，稳定实验技术队伍，在校园内营造宽容、和谐、奋进、创新的工作环境与氛围，鼓励教学探索，鼓励科技创新，鼓励技术改革。建设一支充满活力、富有创新意识的高水平队伍。进一步探讨实验技术队伍建设和管理中存在的问题，并积极探索在现有的条件下如何切实加强实验技术队伍建设，培养一支安心进行实验室工作的结构合理的高素质实验人员队伍。探寻实验技术队伍建设策略和管理举措，建立一支综合素质高、结构合理、精干高效的创新型实验技术队伍，以提高实验教学质量、开展科学研究、搞好实验室建设与管理。

2.5　实验室队伍的素质要求

实验室队伍的素质要求是根据实验室工作的需要而提出来的。素质要求包括德、能、勤、绩等方面。当前，实验室改革要求各高校举办实验技术人员和管理人员的业务和岗位培训班，以提高实验技术人员的综合素质。加强对实验技术人员的业务培训，更新拓展知识结构，夯实实验教学理论基础，提高专业水平和实践技能。培训形式可以多样，在职培训和脱产培训相结合；实验教师与实验技术人员的培训纳入教师培训体系；实验技术人员及实验技术工人培训内容应着重于大型仪器设备的维护测试、功能开发与运行管理，以及其他有利于实验教学和技术水平提高的方面。积极鼓励和支持实验技术人员参加学术交流活动。鼓励实验技术人员跨地区、跨学校、跨专业开展交流合作，开阔实验技术人员的眼界和思路。各学院应积极创造条件，保证每位实验技术人员都有机会参加学术交流活动。

实验室队伍的基本素质要求如下。

1. 热爱实验室工作

实验室的工作头绪多，任务杂，有技术性和管理性工作，也有服务性和事务性工作。特别是服务性和事务性工作是大量的、经常性的，但又是不可缺少的。实验室工作虽有不同的分工，但几乎每人都要经常从事一些辅助性、服务性和事务性的工作，所以就要求实验人员首先要热爱自己的本职工作，明确自己的职责，具有奉献精神、较强的事业心和责任心。

2. 较宽的知识面和多项技能

要做一个好的实验人员，不仅要有一定的专业知识，还要有一定的相关知识（如采购知识、保管知识），同时还应有多方面的技能（如操作技能、维护保养技能、修理加工技能等）。

3. 严谨的科学态度

实验室仪器设备有的相当昂贵，有的具有一定的危险性，操作时要严格按照操作规程，绝对不允许违章操作，不允许莽撞行事，更不允许不懂装懂。在指导学生实验时，也应有意识地加强这方面的训练。

4. 较强的协作意识

实验室的工作，既有分工又有合作，需要集中多人的智慧和力量。因此，虽然是各负其责，但多数情况下是实验室人员与教师和科研人员合作、与同事合作。管理工作又必须与各职能管理部门和有关领导合作。所以，善于和别人合作对实验人员来讲是相当重要的。

5. 创新精神

实验室的工作中有些是进行科技前沿的探索性工作，很多是没有先例可以借鉴的，这就需要实验人员具有一定的前瞻性，敢于打破常规，进行创新探索，从而做出成绩。

2.6　实验室队伍的结构

1. 实验室队伍的年龄结构

实验室队伍的年龄结构是指实验室人员中老年、中年和青年的比例。实验室队伍作为一个整体，通常是由不同年龄阶段的人员组成的。应构建一个具有合理年龄比例的梯队，并使之处于不断发展的动态平衡中，要保持老、中、青相结合，每个年龄阶段都有合适的比例，并以中、青年为主，要很好地体现这个队伍的活力和潜力，实现正常的新老交替，形成合理的梯度，防止出现同步老化、青黄不接的现象。一个有合理年龄结构的实验室队伍，能够按照人的心理特征与智力水平，发挥其各自的最优效能。

2. 实验室队伍的专业（学科）结构

实验室队伍的专业（学科）结构是指实验室队伍中各类专业人才的比例。随着科学的发展，各学科之间既互相渗透又互相交叉。因此，不论是教学实验还是科研实验，已不再局限于运用本学科、本专业的传统技术和方法，而是日益频繁地需要利用其他学科的实验技术和方法。特别是大型精密仪器设备都具有多功能化和高度自动化的特点，这就要求实验室队伍的知识面要有一定的深度和广度，并要熟练地掌握技术。但是人们的知识和技术毕竟是有限的，因此，在突出主体专业人员的前提之下，必须充分考虑不同学科不同门类在专业结构上的匹配。

3. 实验室队伍的职务（职称）结构

实验室队伍的职务（职称）结构是指实验室人员中具有高级、中级和初级职称者所占的比例。确定这个比例的依据有以下几方面。

（1）学校的性质、层次、任务规模以及装备配置情况。

（2）各级职称的任职资格和实验技术队伍的知识结构。

（3）科研与教学的职务（职称）结构相匹配。在教学和科研队伍中，确定高、中、初级职称的比例，形成一个完整的结构体系，并随着教育和科学事业的发展以及实验室功能的变化，不断予以调整，使具有不同水平的人员，配备合理，形成一个动态平衡的有机体。

2.7　实验室人员技术职务的岗位职责

1. 高级实验师的岗位职责

（1）系统地掌握本学科的基础理论、实验技术，熟悉本学科国内外的发展情况，具有较高的学术和技术指导水平。

（2）至少承担一门课程的实验教学，并组织和指导教学研究及实验工作。

（3）编写实验指导教材，解决本专业实验技术上的重大问题，开设新实验项目，同时还要制定较高水平的实验方案，设计较高水平的实验装置和指导高精仪器、设备的调试、维修及使用。

（4）严格执行实验室的各项规章制度，精心管好、用好有关的高精尖仪器设备。参加仪器设备的技术改造更新工作。

（5）人才培养任务：指导和培养中、初级实验技术人员。

（6）完成学院交给的各项工作。

2. 实验师的岗位职责

（1）较系统地掌握本学科的基础理论和实验技术，有比较丰富的实验经验，能独立地组织与实施各项实验技术工作。

（2）做好学生实验的各项准备工作，承担本科生、专科生的实验指导工作，研究教学方法，能设计实验方案，参与编写实验指导书。

（3）完成好与本学期有关的教学、科研实验任务。

（4）记录实验教学情况并做好实验总结工作，批改实验报告及评定学生实验考核成绩。

（5）严格执行实验室的各项规章制度，精心管好、用好有关的高精尖仪器设备。厉行节约，完成实验任务。

（6）独立担任实验室大型精密、贵重仪器设备的检修、调试与使用，并做好记录等技术工作，负责操作规程编制、技术档案管理等工作。

（7）掌握国内外本专业仪器设备的新进展和实验技术概况，提出实验室工作的改进措施，协助实验室主任加速实验室现代化建设与管理。

（8）认真做好实验室的日常管理等工作。

（9）完成学院交给的各项工作。

3. 助理实验师的岗位职责

（1）掌握本学科的一般基础理论及实验技术，有一定的实验操作经验及设备的调试、维修能力。

（2）协助实验师做好实验教学工作，指导学生的实验教学，参与实验技术改进。

（3）参与实验指导书编写和指导本室实验员、实验工人的业务提高工作。

（4）熟悉本实验室所属仪器设备的构造原理，掌握其性能和使用方法。协助进行精密、贵重仪器设备的验收使用和管理工作。

（5）严格准备各种实验仪器设备、材料等各项实验前准备工作，保证按时开出实验课。

（6）制定有关实验规程及常用仪器设备的操作规程、使用保管等技术性文件。

（7）做好实验室的科学管理、清洁卫生和安全等工作。

（8）完成学院交给的各项工作。

4. 实验员的岗位职责

（1）熟悉本实验室有关仪器设备、材料药品的性能，妥善保管，并进行一般维护，做好管理工作。

（2）认真做好实验的准备工作，参与实验预试，写出实验报告，正确掌握操作方法，指导学生实验，不断提高实验质量。

（3）负责实验室的日常管理工作，管理本实验室的有关账、物、卡。

（4）严格执行实验室的各项规章制度，精心管好、用好有关仪器设备，负责部分实验室的建设工作，拟定一般仪器设备操作使用规程。

（5）参与部分科研工作。

（6）做好实验室的科学管理、清洁卫生和安全等各项工作。

（7）负责仪器设备、材料等的领取和发放工作。

（8）完成学院交给的各项工作。

第3章 实验室任务管理

实验教学是高等学校实验室最重要的基本任务。实验教学的管理与研究，是实验室管理工作中的重要一环，是实验室管理的中心。与专门的研究机构实验室相比有很大的不同，高校实验室是把实验教学、培养理论联系实际的有用人才，作为实验室最重要的工作任务，除此之外还担负着学生的开放创新实验、科研实验、社会服务的任务。近年来，高等学校的实验教学、学生的开放创新实验、科研实验及社会服务这四方面的任务都有不同的长足发展。

3.1 实验教学管理

实验教学是以实验为载体的教学活动，同理论教学一样，是高等学校教学工作中的一个重要组成部分，这一活动的主体是人，同时还要有大量的技术装备和场地。实验教学管理是学校管理者遵循管理规律和教学规律，科学组织、协调和使用教学系统内部的人力、物力、财力、时间、信息等因素，确保实验教学有序地进行，以完成实验教学在高等学校教学中的目标。实验教学管理的核心问题就是效益和质量。

3.1.1 实验教学管理的目的

实验教学是按照制定的教学目标、教学计划，在实验教师的指导下，让学生在一定环境中进行实验，并在特定条件下，观察研究自然现象的运动变化，从而训练实验技能，巩固理论知识，开发智力、培养能力，逐步养成科学的世界观与方法论，以及良好的科学素质。实验教学管理的基本目的就是要按教学目标与教学计划保质保量地完成实验教学任务，并使实验项目开出率达到国家教育委员会规定的要求。

实验教学是高等学校整个教学过程的组成部分，是培养人才全过程的重要实践教学环节。实验教学过程是多因素构成的教学系统，各要素之间又有它们的内在联系。在整个实验教学中，教师依据培养目标，有计划、有目的地引导学生认识客观世界，指导学生运用实验手段进行观察，探索自然现象，获得感性认识，从而加深理解有关理论，扩大知识领域，启发学生自己动手、动脑，调动学生积极性、主动性，激发创新精神，充分发挥他们的聪明才智，开发智力，培养能力，帮助学生树立辩证唯物主义世界观。概括起来说，实验教学的目的是：培养学生从事实践的独立工作能力，完成对学生作为未来工程师的基本技能训练。因此，实验教学具有理论教学不可替代的作用。

3.1.2　实验教学管理的内容

实验教学管理内容包含：实验教学计划及任务的管理、实验教学项目及教学文件资料的管理、实验教学仪器设备的管理、实验教学低值易耗品的管理、实验教学改革及实验教学质量评价考核管理等。实验教学管理就是要将实验教学的计划、过程加以科学化、规范化，采取相应的管理手段，保证实验教学目标的实现和提高实验教学质量。

3.1.3　实验教学管理的原则

实验教学管理的原则是人们在教学工作实践中基于对客观规律的认识，而总结出来的指导工作的基本要求，遵循管理规律和教学规律的要求。实验教学应遵循下列几项原则。

1. 实验教学的科学性和思想性相结合的原则

高等学校要培养造就德、智、体、能全面发展的专门技术人才，这就要求在实验教学过程中要使学生学习与本专业有关的基础理论和基本知识，掌握基本实验技能。开发智力，培养能力，以教学的科学性为根据，体现通过实验教学过程传授知识，进行思想政治教育这两个基本任务的关系，是科学性与思想性的统一。在方法和手段上要有先进性，实验的内容要具有科学性。

2. 在实验教学中培养学生自觉性、探索性、独立性和创造性的原则

要根据专业发展目标，按教育规律和学科内容，在实验教师的指导下师生共同完成教学过程，为了培养学生的实验能力，开展科学实验，就必须启发学生自觉地"以学为主"，积极探索自然科学中的未知领域，揭示它们的本质，发挥学生探索性、独立性和创造性。

3. 实验教学要坚持独立考核的原则

实验教师必须在实验教学过程中对学生实验技能进行规范性指导，经常性地

检查及考核。在每次实验过程中要不断巡视，对学生出现的不规范操作应及时指正。加强实验教学，不断提高实验教学质量。

4. 实验教学与课堂教学的协调性原则

协调性指的是实验教学与课堂教学之间要有密切的联系。实验教学除应保证其具有相对独立性和与理论教学的平行性外，还应体现两者之间的相关性，体现它们之间相互依赖、相互促进、相互补充的关系，使实验教学与理论教学协调地向前发展。

3.2　实验教学计划的管理

实验教学计划是专业人才培养方案的有机组成部分，是实验教学重要的指导性文件。实验教学计划的管理包括实验教学计划的制定或修订，实验教学计划的实施与检查（实验教学管理的核心内容）。实验教学计划是在学校教学计划的基础上制定的，对实验教学所承担的任务、实验课程的设置、实验项目的确定、实验时数的分配和实验教学活动的组织等进行全面的、系统的、科学的安排。

3.2.1　实验教学计划管理的原则

在实验教学中，计划是根据各专业的培养目标来制定的，以实验教学计划的形式来表现。所以，计划是实验教学管理工作的基础。实验教学计划管理应根据专业教学计划规定的人才培养目标和专业规定的内容，以及学校的实际条件来制定。从整体来说，选择的实验内容要服从培养目标的总要求，遵循理论联系实际的原则，重在能力培养。

3.2.2　实验教学计划管理的内容

1. 实验教学计划的编制

实验教学计划的编制是根据专业教学计划、人才培养目标来制定的。实验教学计划的编制必须符合计划管理的有关原则，应以培养学生的能力为出发点，搞好计划编制。其内容为以下几方面。

（1）实验课程学时、学分：××学时（××学分）。

（2）实验课程性质：实验课程性质按公共基础实验、专业基础实验或专业实验填写。

（3）实验课程要求：实验课程要求按必修实验课程或选修实验课程填写。

（4）修读学期：修读学期按该实验课程修读的学期填写。

2. 实验教学计划的执行

实验教学计划的执行就是根据已制定的计划来进行科学的组合、合理的安排、科学的管理。因此，必须同时制定一系列的实验教学管理规程和制度，强化实验教学过程管理，进行有效的质量监控。

3. 实验教学计划的检查与调整

实验教学计划执行情况的检查是为了维护计划的严肃性，提高执行计划的自觉性。通过检查及时发现问题，调控影响实验教学质量的有关因素。同时，通过检查可以验证计划的可行性，为调整计划和修订计划做好基础性工作。

3.3　实验教学大纲的制定

实验教学大纲是组织实施实验教学、规范实验教学过程、评价实验教学质量、指导实验室建设的重要依据，是实验教学重要的指导性文件。制定并完善实验教学大纲是课程建设、学科建设的重要内容。它规定了本学科的教学目的、要求、任务，教学内容的范围、深度与体系，教学进度和教学法的应用等基本要求。教学大纲不仅是编写实验教材和教师进行实验教学的主要依据，也是检查评定学生实验课成绩和衡量实验教学质量的重要标准。

1. 制定、修订实验教学大纲的基本程序

（1）学校教务处提出制定、修订教学大纲的原则意见，作为制定、完善实验教学大纲的指导性文件。

（2）每学期开学时，各课程建设负责人按照"原则意见"的要求，根据具体实验教学计划中的课程安排和课程体系建设的实际要求，提出制定（新开课程）和修订（已开课程）实验教学大纲的计划。

（3）各课程建设负责人召集相关教师对需要制定和修订的实验教学大纲的实验项目进行集体讨论，统一整合确定相关课程的实验教学内容，明确其教学目标。

（4）经审核确定的实验教学大纲，分别由课程建设负责人和审核人签字，并分别由学院实验中心和教务处存档，实验指导教师留存并执行。

2. 制定、修订实验教学大纲的基本要求

（1）实验教学大纲应围绕着"为什么教"、"教什么"和"如何教"等问题来制定，从内容上看，应包括实验教学指导思想，实验教学的目的、要求，实验教学内容，实验项目的编排原则，教学法的实施，实验课程总学时数，实验项目学时数的合理分配等。

（2）实验教学大纲要同教学计划对课程的要求相一致，课程安排的学时不得少于或超出教学计划给该门课程分配的学时，要精选该门课程的实验内容，避免与有关课程重复或脱节。

（3）实验教学大纲对课程教学内容的安排应注重体现理论联系实际和突出重点的要求，要明确兼有理论课的实践环节和技能培养的要求，要明确对各部分教学内容的"了解"、"理解"、"认识"、"掌握"、"熟练掌握"等不同程度的要求。

（4）教学大纲的编制要同专业建设，特别是学科建设相结合，同整合和完善实验课程内容体系相结合，同实验教学方法、手段和学生成绩考核方法的改革相结合。要根据专业人才培养目标及对知识、技能的培养要求，对实验课程合理定位，并对实验内容合理取舍。通过对实验教学大纲的完善，逐步形成独具特色、科学合理的各专业实验课程内容体系。

3. 修订实验教学大纲、优选实验教学项目

要根据当今科学技术的迅猛发展和我国社会主义市场经济体制逐步建立的情况，以及高等教育体制改革和教学改革的逐步深化，对人才培养规格和质量提出的新要求，优选实验教学项目，明确其教学的目的、要求。同时还应对实验内容进行重组和整合，使其整体优化。利用多种实验教学的组织形式，使实验教学从基本技能训练和验证理论走向创造性实验阶段，有利于增强学生独立获取知识和解决实际问题的能力、开发创新的能力，以适应时代发展的需要。

3.4　实验教学的种类、特点及应用

实验教学可分为演示性实验、验证性实验、设计性实验、综合性实验、研究（科研）性实验和开放性实验等多种类型。各类型实验教学的目的、方法、特点、应用分述如下。

3.4.1　演示性实验

演示性实验是实验教学的初级形式，是课堂理论教学的一种辅助手段，也是为理论教学服务的，它紧密结合课堂所学的理论知识，使学生加深对理论课程的理解，使理论教学形象化，以提高理论教学的讲授效果。

演示实验一般都由实验教师操作，要求学生仔细观察。这种实验的特点是比较直观、简单明了。它紧密结合理论，使一些现象和规律在特定的条件下再现，往往会给学生留下深刻的印象，能活跃课堂气氛并对培养学生观察能力有特殊的作用。它具有投资少、教学效果好等优点。

3.4.2　验证性实验

验证性实验是实验教学的基本形式之一，其目的是验证课堂所学的理论，使学生对所学的理论加深认识、理解和消化。

一般验证性实验由学生操作。学生根据实验指导书的要求，在实验教师和实验技术人员的指导下，在实验室内完成实验。整个实验围绕着课堂某一部分理论的内容并在该部分理论范围内进行验证。验证性实验可使学生获得基础实验技术技能训练。

3.4.3　设计性实验

设计性实验的目的是培养学生实验能力，是为将来从事实际工作训练必要的基本技能。设计性实验对开发学生智力和培养能力有着重要的作用。对学生的培养要有一个由浅入深的过程——开始时，可以由指导教师出题，给出方案，由学生根据所学内容提出具体的实验方案、实验方法和步骤、选择仪器并进行实验准备工作，由学生完成实验的全过程。经过一段时间训练后，可以由指导教师出题，由学生自行组织实验。这样学生可以获得组织实验的全面锻炼，由被动做实验状态变为主动做实验状态，最大限度地发挥学生学习的主动性。其具体做法如下。

1. 方案设计

方案设计前，指导教师先把与设计有关的实验划分范围，让学生复习，然后进行方案设计。学生可以查阅资料，在规定时间内完成方案设计，以培养学生综合运用所学知识的能力。

2. 查资料充实方案

从制订方案到实验实施，给一定的时间，学生可利用网络资源或到图书馆查阅资料，相互讨论，取长补短，修改完善设计方案，以培养学生的主动性和创造性。

3. 实验

实验一方面可以验证设计方案是否正确，另一方面可以培养学生解决问题的能力。当教师发现问题时也不要直接指出，可以提一些启发性的问题引导学生自己去思考，以培养学生分析问题和解决问题的能力。

设计性实验适用于专科生、本科生课程设计和毕业设计以及本科生、研究生教学实验，这种实验可以结合开放性实验进行。

3.4.4　综合性实验

综合性实验就是把已学过的多方面知识、多学科内容、多因素的要求，做综合运用的实验，学生通过实验设计，拟定实验方案，进行可行性论证，选择最佳实验方案，并进行安装调试，写出综合实验报告以培养学生分析问题与解决问题的能力。

综合性实验不是属于哪一门课程的实验，也不是平行于哪一门课程而独立开设的实验。它通过实验着重训练学生综合应用理论知识解决实验问题的能力。因此，首先要突出其"综合训练"这一特点，其次，综合性实验也和其他实验类型一样，起到培养学生能力的作用。

综合性实验一般应在学生基本上学完各门专业理论课之后进行，因为这时学生已具有一定的多方面的知识，因此在选题的内容上要有一定的广度和深度。广度就是题目的内容有综合性，使学生能有运用所学的各种知识去分析、解决问题的锻炼机会，深度就是课题内容在某一方面具有探索性，使学生得以发挥其聪明才智。实践表明，凡深度广度适当的题目，可充分调动学生从事实验的积极性，达到既能增长知识，又能培养能力的目的。

在综合性实验中，如何使学生把学到的知识转化为能力，关键在于教师的正确指导。要充分发挥教师的主导作用。教师主导作用的核心在于启发、诱导，当学生在实验过程中发现问题时要鼓励学生发挥聪明才智，把学生领进获取知识的大门，进入能力训练的庭院。

3.4.5　研究性实验

研究性实验包括学生参加科研项目、社会调查、下厂实习及毕业设计等实践活动，在研究性实验中学生运用实验手段与方法，进行综合分析、研究与探索，以培养学生的独立研究能力与创造能力。

课外研究性实验又称作学生的"第二课堂"。

研究性实验一般都是学生参加教师所承担的科研任务，或承担部分项目的实验研究工作，是在教师指导下独立完成的。由于实验结果有实际意义，学生都比较认真负责，学生的主动性往往能得到极大发挥，综合能力可得到全面锻炼。具体步骤如下。

1. 布置课题

由教师提前布置课题，要为查阅文献和调研留下必要的时间。研究课题基本上要适合于学生的实际水平，并估计学生能在规定的时间内完成实验工作。

2. 查阅文献

指导教师要指导学生查阅文献。对学生来说，在以前的学习过程中很少查阅文献，因此在开始阶段学生会感到相当为难，教师要在实践过程中让学生学会查阅。

3. 制订实验方案

在查阅文献资料的基础上，据课题研究内容设计实验方案。

4. 实验

教师在实验前应审查学生提出的开题报告和实验方案，学生应按审批后的实验方案进行实验准备。并按拟定目标完成实验。

5. 总结

实验结束后，要求学生写出报告，并适当地组织一些报告会，既达到相互交流的目的，又可达到锻炼学生口头表达能力的目的。

在学生做研究性实验时，应配备较高水平的指导教师和实验室管理人员，每个指导教师以指导 2～4 个课题为好。

研究性实验一般适用于高年级同学和教师进修班的教师。

3.4.6　开放性实验

开放性实验就是实验室全日向学生开放，并在实验室中同时安排多项实验内容让学生独立自主地安排实验时间，选择实验内容，完成实验操作，整理实验结果。过去多数高等学校的实验课，基本上是按照规定的实验内容，在规定的时间内，让学生完成的。由于受到时间的限制，学生来不及深入思考与实验有关的理论问题和在实验中遇到的问题，而且忽略了学生智力、能力等方面的差异，不利于因材施教，发挥学生的主动性。开放性实验在一定程度上可以弥补这种不足，具体办法各学校也正在做广泛的探索。

3.5　实验教学对学生能力的培养

众所周知，现代科技的发展，离不开科学实验。同时要把先进的科学技术应用于生产实际，也离不开实验。因此，对于一名学生来说，实验能力是必备的基本功。实验教学在能力培养上，大致包括以下几种。

1. 开发智力、培养实验能力

实验教学的核心是加强学生的能力培养，增加获取知识和运用知识的能力，提高用科学方法进行探索的能力。也就是培养学生具有科学工作者所具备的综合实验能力，它包括基本实验能力和创造实验能力两方面。

（1）基本实验能力。

基本实验能力表现在掌握本专业常用仪器的基本理论和测试技术的操作，熟悉本专业的基本实验方法和一般的实验程序，掌握使用其他现代仪器设备的能力。

（2）创造实验能力。

创造实验能力表现在实验总体设计、实验方向选择、实验方案确定、综合性分析、获得正确信息、探索新知识等方面。也就是说，培养学生的实验能力，不仅表现在会使用仪器，会做实验上，更重要的是培养创造性的实验能力。

2. 锻炼观察能力和思维能力

通过观察性实验，培养学生良好的观察习惯。认真仔细地观察实验现象，详细地做好观察记录，在观察过程中开动脑筋积极思考。

3. 验证理论，提升学习知识能力

实验教学是验证理论学习的继续、补充、扩展和深化，可以帮助学生扩大知识领域，灵活应用这些理论，是以感性认识为基础，从丰富的感性认识材料中得出正确的概念和理论，再回到实践中检验，这是其他环节难以取代的特点。

4. 训练动手操作能力

通过操作性实验培养学生熟练的操作技能。培养操作的快速性、规范性、协调性和灵活性。培养正确地使用仪器、校验仪器和亲自动手安装仪器的能力，通过操作实践，培养一定的实验操作能力。

5. 培养分析问题和解决问题的能力

通过分析性实验，培养学生对实验现象和实验结果分析的能力。学生通过实验数据的记录、绘图等，通过计算机处理实验数据，应用总结归纳、演绎、推理、误差分析等一套形式逻辑的方法和辩证的思维方法，提高数据处理、分析问题和解决问题的能力。

6. 加强品德修养、培养基本素质

实验教学是以感性认识为基础。学生在实验教师指导下自己动手、动脑做实验，可以通过调试仪器、排除故障，乃至在失败和挫折中，培养学生的探索精神和毅力，养成实事求是的科学态度，一丝不苟的严谨作风，团结协作、密切配合，逐步形成一个科学工作者不可缺少的基本素质。

7. 培养实验设计能力

通过设计实验，培养学生查阅文献资料、确定实验方案、选择实验方法、选用实验设备、分析实验结果及独立设计能力。调动实验教学环节中方方面面的主客观因素，采取科学的管理手段，全面提高实验教学质量，彻底根除为了形式上的教学而教学的弊病，使实验教学管理的目标真正得以实现。

8. 加强创新，发展科学理论

加强创新，发展科学理论是高等学校实验室开放创新的社会职能之一。开放创新实验是让学生结合基础理论及专业知识开发部分设计性的学生自拟的大型综合性的实验项目，或直接参加和完成某些科研课题的实验任务，以及新产品的研发等工作，让学生在知识的海洋中勇于探索创新，提高思维能力和创造能力。创新实验不仅是学习知识和培养实验能力，而且是探索未知的知识领域，开发新产品、新技术及创立、发展和完善新的科学理论的实践活动。

3.6 实验教学阶段培养计划

根据高等学校的培养目标，学生在校期间应完成相应的基本训练，掌握科学实验的基本方法，同时具有一定的实际操作技能和独立解决实际问题的能力。因此，在四年的实验教学环节中，着眼点要放在能力的培养上。根据各学科、各专业的实际要求，制定好实验教学阶段培养计划。在计划中要根据各个课程的实验内容和教学进度，安排适当的实践性训练项目，培养学生操作技术和测试技能，而且从低年级到高年级的训练培养要有连贯性、系统性。把基础知识、专业基础

知识、专业课中各门实验课程对学生能力的培养连贯起来，形成一个由浅入深、有机系统的整体。通过统筹安排，实现"实验技能训练四年连成线"的要求。

实验教学阶段培养计划，大致可以分成四个阶段。这四个阶段的指导思想如下。

（1）对学生进行实验的基本理论、基本操作方法、基本实验方法的教育。使学生逐步养成课前能认真预习实验指导书的习惯，明确每次实验的目的、要求和实验步骤，逐步养成遵守实验室各项规章制度、实验操作制度的良好习惯，逐步养成认真和准确地记录实验数据、分析实验结果、完成实验报告的习惯等。

（2）从简单实验开始，逐步培养学生独立地、正确地使用各种通用实验仪器和设备，并有目的地、灵活地、综合地运用所学的理论，来分析所观察到的实验现象和进行数据处理的能力。

（3）培养学生具备全面组织实验的能力，能根据已定的实验课题要求，查阅有关文献资料，拟定实验方案，正确选择实验仪器设备。

（4）培养学生创造性实验的能力。学生可根据所学的理论，自拟实验课题，在实验技术人员或教师的指导下，拟定实验方案，选择仪器设备，完成实验。

从以上四个阶段可以看出，通过实验教学对学生能力的培养是有序的、逐步深化的。

3.7　实验教材的管理

实验教材、实验讲义、实验指导书的编写和选定是实验教学管理的内容之一，随着实验理论的加深和实验教学体系的逐步建立，对实验教材的管理已经成为实验教学管理中不可缺少的一个组成部分。

编写符合高等教育发展方向的实验教材，对培养学生科学的思维方法、创新能力与意识，培养学生全面掌握基本实验操作技能、全面推进素质教育有着重要的作用。实验教材质量是教材建设的核心问题，教材质量的优劣直接影响着学生的实验教学效果及学校的教育教学质量。因此，对编写的实验教材的基本要求如下。

（1）作为实验课教材，在反映学科发展现状和学科特点的前提下，要有其科学性、系统性和实际可操作性。

（2）在实验内容的编排上，体现演示性、验证性、综合性、设计性、研究创新性实验循序渐进的原则，实验课程体系从简单到复杂、从基础到前沿、从接受知识型到培养综合能力型逐级提高。

（3）所选实验的材料要考虑其易得性和经济性。必须认真考虑实验安全性，污染严重、毒性大的实验及其材料不宜选用。

（4）编入教材的所选实验内容，教师均应反复验证过，能得到较好的实验结果。

（5）实验教材应规定实验需达到的目的、实验内容、实验时间安排、仪器、材料与试剂、实验操作步骤、数据记录、注意事项、结果分析、思考题与参考文献等，以便实验的顺利进行。

（6）实验教材的编写，可采用不同的形式，如可结合实验内容，采用多媒体编制实验教学课件，充分利用现代教育技术手段。

3.8　实验教学的质量管理

实验教学取决于实验工作者的工作效率，取决于实验项目的选取、实验耗材的供给，取决于实验教学仪器设备的配置，更重要的是还取决于学生自身学习主观能动性。所以实验教学管理目标是一项复杂的综合性管理，管理的最终目标无疑落在提高实验教学质量上。要尽可能改善教学物质条件，增添现代化的教学手段，更新和充实实验设备，使实验教学有更明确的方向。

实验教学质量是实验教学管理的核心，也是实验室管理的重要内容。因此，实验教学质量直接关系到人才培养的质量。加强实验教学管理，加强日常实验教学质量的检查监督，发现和纠正实验教学中存在的问题，在实验教学管理工作中有着很重要的作用。

实验教学全过程的质量控制内容，是按计划、实施、检查、考核提高四个阶段循环运行。具体为：一是实验教学计划的完成，指实验教学任务内容和实验教学的组织形式的质量控制。二是实验教学的实施控制，实验教学过程是实验教学实施的过程，主要通过各个实验环节来进行。三是实验教学质量检查，目的在于监控实验教学，了解实验教学过程中存在的质量问题，及时分析经验和教训，及时采取调控措施，不断改进实验教学质量。实验教学质量检查必须以教学计划、实验教学大纲制定的原则、要求和标准为依据，检查实验教学过程和效果。四是实验教学质量的考核，是强化实验教学过程质量的管理，也是完善和加强实验教学管理的重要措施。通过质量考核，对各课程实验教学质量、水平现状做科学客观的评价，推动实验教学的科学管理。

3.8.1　实验教学检查

（1）成立以学院党政领导为组长，热爱教育事业、责任心强、有丰富的教学经验及管理经验的老教师及教授为组员的学院督导组，全面负责实验教学检查与评估工作。

（2）每学期进行实验教学的定期检查和不定期的抽查，学院督导组对任课教师实行随机听课制度，并做好听课记录。

（3）实验教学检查内容。

　　· 文件管理：有实验教学大纲、教学计划、学生实验守则、实验成绩评定方法等各种教学文件。

　　· 教学任务：有教学安排和学生分组安排。

　　· 实验教材：有实验指导书或自编教材。

　　· 实验项目：每个实验均有教案、电子课件等。

　　· 实验考试或考核：每门课有科学、合理的考试或考核办法。

　　· 实验报告：整洁、规范，有存档。

　　· 实验研究：有实验研究和成果。

　　· 每组实验人数：按学校教务处规定执行。

　　· 仪器设备的管理：仪器设备的固定资产账、物、卡相符率达 100%。

　　· 低值易耗品的管理：低值易耗品的相符率不低于 95%。

　　· 仪器设备的完好率：现有仪器设备（固定资产）的完好率不低于 80%。

　　· 仪器设备的维修：仪器设备的维修要及时，以保证实验的顺利开出。

　　· 大型设备精密仪器管理：有专人负责管理并有技术档案。

　　· 教学实验常用玻璃仪器配置套数：基础实验 1 套/人。

　　· 岗位职责：有实验中心主任、实验教师、实验技术人员岗位职责。专职实验技术人员每人均有岗位日志。

　　· 实验指导教师：实验前，指导教师须做预实验，有预做实验记录，对首次上课的实验指导教师有试讲要求。

　　· 实验过程：实验过程中，不断巡查，发现问题及时解决。

　　（4）定期召开督导组会议，交流督导工作经验。

　　（5）每次实验教学检查后，认真填写检查记录，及时通报情况，以便实验教学的改进，并交学院存档管理。

3.8.2　实验教学效果的调查

　　实验教学效果的调查包括两个方面：实验考核和实验教学效果的调查。

　　（1）实验考核。

　　考核是任何一门独立课程不可缺少的教学环节。实验考核的目的是提高学生学习的积极性和自觉性，系统强化已学过的知识，巩固扩大已有的独立工作的能力，检查教学工作的质量，促进教学工作的改进和提高。

　　（2）实验教学效果的调查。

　　对实验教学效果应进行调查和研究，调研工作应着重对学生实验能力培养的调查。调研工作方法很多，可采用调查表、召开学生座谈会、征求用人单位意见、对学生进行实验考核等方法。

以采用实验教学情况调查表的调查方法为例，首先，依据调查的内容和目的恰当地拟定实验教学情况调查表（表3-1），项目力求简明、扼要，判断等级可根据需要确定，便于学生填写。

表 3-1　实验教学情况调查表

实验课名称：　　　　　　　　实验教师：　　　　　　　班级：

序号	项目	判断等级				
		很好	较好	可以	较差	差
1	实验教师对学生学习方法的指导					
2	实验教师对学生分析问题能力的培养					
3	实验课内容的生动性、趣味性					
4	实验课的组织及指导					
5	实验课仪器设备等的准备					
6	对实验操作严格要求的程度					
7	对数据处理、结果分析严格要求的程度					
8	通过实验课你的收获					
9	你觉得本课程总体的教学效果					
10	实验教师答疑时解决疑难问题的能力					

填表前，要向学生讲清目的及意义，要求学生认真填写，每次调查时每个学生独立填写一份，填写时只写实验教师的姓名，不写填表人姓名。

调查结束后，按项目及判断等级先进行人次统计，然后将人次换算成百分比，再做出综合统计。

最后，进行综合分析。先分析每个实验教师的教学情况，继而对每门课的教学情况做出分析，在此基础上，再对全院的实验教学情况做出综合分析。

3.9　实验教学的组织程序

实验教学的组织程序应自上而下、上下结合进行。教学部门及实验室管理部门根据专业教学计划和实验教学计划编制实验教学年度计划，对一个学年的实验教学做出总的安排。其内容主要包括学年中应开哪些实验课，每门实验课的控制学时数，通过主管院（系）向各有关实验室下达指令，以便具体执行。

要求在上实验课前，学生要做好实验预习，写出实验预习报告。使学生明确实验目的、实验内容、实验原理、操作步骤、实验装置、药品的用量和注意事项等，为能自觉地、有目的地、独立地进行实验打下良好的基础。

实验课中学生必须按照实验步骤，以严肃认真的态度进行操作，仔细观察记录，并联系理论深入思考。实验课中尽量将内容过程客观无误地记录下来，要做好书面记录，以及将原始材料保存好，以便分析结果。同时要注意保持实验室安静，不准在实验室高声谈笑、随地吐痰、乱扔杂物，要保持实验室清洁。

爱护实验所用的仪器设备、工具、材料，不得动用与本实验无关的仪器设备，若有损坏的仪器设备、工具、材料，应检查原因，填写报告，按有关制度、规定进行处理。

实验结束后，学生应独立完成实验报告。实验报告必须书写工整，图表、数据要齐全准确。教师要及时批改实验报告，并记录成绩，写出评语。实验报告不合要求时，要补做实验。

3.10　实验教学的实施

3.10.1　精心准备，做好试讲和预实验

对于新开实验课的教师或者要开新实验课时，必须在开课前进行试讲，成绩合格者，方可开课。试讲由实验中心安排，在开课前完成。由学院组成专家小组进行听课，并要为试讲教师做出综合评价。

实验指导教师，在每次实验前，须做预备实验，找出影响实验完成的各种因素，探索实验成功的条件，做到实验安全、可靠，重现性好。这是提高教学质量的重要保证，也是提高教师教学水平的重要途径。

3.10.2　精讲多练

讲解实验要精。对于学生未接触过的基本操作、实验原理等，教师重在示范和分析。对于实验的目的要求、实验过程中可能出现的问题、安全注意事项、复习巩固等方面，则可采取讨论等灵活多样的方法，留下更多的时间让学生多练。

3.10.3　多渠道、严格地、反复地训练基本操作

正确的基本操作和熟练的实验技能是获得准确结果的前提条件，而准确规范的操作训练是提高化学实验课质量的关键之一。因此，要求实验教师在整个教学过程中抓好基本操作训练，多渠道、严格地、反复地训练基本操作，如试管、天平的使用，溶液的配制，沉淀的分离和洗涤，滴定操作，酸度计、分光光度计、旋光仪等仪器的使用等，要求人人过关。具体措施如下。

1. 认真做好基本操作示范教学

教师的正确演示是学生掌握基本操作、练就过硬技能的关键。示范时，要求

教师做到严谨、准确。在示范时，教师边讲解边示范，然后抽部分学生到讲台上操作，教师再根据学生示范时出现的问题加以纠正、补充、完善，加深印象。实验过程中，教师认真指导并及时纠正学生不规范的操作。实验结束后，教师用简明的语言加以概括总结，以便学生记忆、掌握。

实验基本操作多而杂，因而必须从小处着眼，循序渐进，抓住每一个环节不放松，严格把关。每门实验、每个实验有共性，又有侧重点。因而在教学时，要求教师对不同的实验有所侧重。例如在无机化学实验中，侧重试管操作训练；分析化学实验教学中侧重训练溶液的配制和滴定分析基本操作；而在有机化学实验中侧重天然有机物的提取训练等。这样有计划地将基本操作分散到各实验教学中逐步完成，使学生学习轻松。

对个别基础较差的学生给以单独的示范纠正辅导十分重要。例如滴定分析中，有的学生对半滴操作难以掌握，在读取折光率数据时有的学生不会看数据等。遇到学生操作不规范时，教师必须手把手地纠正，一定要强调操作规范化。

2. 举行实验基本技能大赛

为了提高实验基本操作技能，学院团委、学生会可每年都举行学生实验基本技能操作大赛，以利于提高学生的学习兴趣，进一步规范实验操作。

3.10.4　实验预习与考核

对于学生，在每次实验前必须进行预习。实验预习既是做好实验的前提，也是实验成功的关键。为了提高学生实验的一次成功率，特要求如下。

（1）阅读实验教材、实验课件，预习相关的课程和参考资料，明确每次实验目的及全部内容。

（2）理解实验原理，掌握每次实验的主要内容，重点阅读实验中有关的实验操作技术、实验方法及注意事项。

（3）提出自己疑惑的问题，带着问题做实验。

（4）每次实验前，要求写出简洁的预习报告或设计方案。做到胸有成竹，杜绝学生不预习而导致实验盲目或"照方抓药"的现象。不预习或预习不充分者，不得进入实验室。这一条的实施，有助于为学生实验质量的提高打下坚实的基础。

实验预习报告应包括实验名称、实验目的、基本原理、主要药品、仪器（装置图）、实验条件、步骤、实验记录等栏目。

（5）学生必须提前10分钟进入实验室，做好实验前的相关准备。

3.10.5　实验报告撰写要求及注意事项

1. 实验报告撰写要求

实验报告是描述、记录、讨论某项实验的过程和结果的报告，是表达实验成果的一种形式。书写实验报告是一项重要的基本技能训练，是学习实验论文书写的基础。

通过撰写实验报告，让学生熟悉撰写科研论文的基本格式，学会绘图、制表方法；学习如何应用有关理论知识和相关文献资料，对实验数据进行整理分析，得出实验结论；培养学生独立思考、严谨求实的科学作风。实验报告要简明扼要，字迹工整。

实验报告形式繁多，从内容上看也是千差万别，但是从写作的角度来看，所有实验报告都存在着共同标准，即正确性、客观性、公正性、确证性和可读性。

为规范学生实验报告的撰写，一般格式要求如下。

（1）实验名称。

每篇实验报告都有名称，实验名称应该简洁、鲜明、准确。

（2）实验目的与要求。

实验目的是指为什么要进行此项实验，要明确，抓住重点，可以从理论和实践两个方面来考虑。从理论上，验证定理定律，使实验者获得深刻和系统的理解。从实践上，掌握仪器的操作技能。

（3）实验原理。

实验原理是进行实验的理论依据。常要求写出反应方程式，包括主要反应、潜在的副反应、反应机理，为了方便化学计量，要将主反应的方程式配平。

（4）基本操作。

应列出主要基本操作的操作要点、注意事项。

（5）实验用品（包括所用主要仪器、试剂及实验材料）。

应列出实验所需的主要仪器设备和材料，对于特殊的仪器、试剂、材料要加以介绍，如附上熔点、沸点、相对分子质量以及密度等数据，便于实验中利用。

（6）实验步骤。

实验步骤通常都是按操作时间的先后分成几步进行的，可在前面标注上序号，如一、（一）、1. 等。操作过程的说明要简单、明了、清晰，特别是实验中需注意和小心操作的地方要着重注明。实验步骤也可以用流程图说明，这样不仅可减少文字，而且看上去更加清晰明白。

（7）实验现象与原始数据。

观察的实验现象、测定的原始数据必须保持其原始性和真实性，即全部数据应是第一手数据，因此应及时、正确、客观地记录实验现象与原始数据，绝不能靠回忆。对于实验中出现的异常现象和异常数据要记下当时情况以利于事后分析。

若出现书写错误，必须按照规定的方法更改，即在要更改的数据或字句上画一横线，要保留清晰可辨的原始记录，再在其近旁书写正确的数字或字句，填写原始记录更改部分须用钢笔或圆珠笔，不允许用铅笔填写，字迹端正、清晰，数字要用印刷体书写。

原始记录的填写必须遵循真实性、针对性、科学性和对比性原则。真实性要求原始记录必须真实，不能凭空捏造，原始记录原则上是不能改动的，若需改动，需向指导教师说明情况。针对性则要求学生在观察实验时记录的主要内容与实验原理相吻合。科学性则要求学生记录实验结果时必须规范使用专业用语，避免使用方言。对比性则强调学生在完成原始记录中学会比较实验结果和理论值或其他组的结果。

（8）数据处理。

这是对整个实验记录的处理。数据应是实验中记录的原始数据，可列表加以整理，精心设计表格，使其易于显示数据的变化规律及参数之间的相互联系。项目栏要列出所测的数据名称、代号及量的单位。数据处理方法必须符合规定，否则，将会使整个实验报告丧失价值。对于合成化合物的实验还应有反应的产率。对于分离、提纯化合物的实验还应有回收率。

（9）实验结果。

实验结果是整个实验的核心和成果。写前应将数据整理好，并列出表格和图，表格和图要符合规范要求，并做必要的说明。为了准确起见，应采用专业化学术用语来描写。对于定性和合成的实验，其结果部分主要描述和分析实验中所发生的现象，如化学反应中反应速率的快慢，是放热还是吸热，生成物的状态、颜色、气味、产量等。

（10）讨论或结论。

讨论是对影响实验的主要因素、异常现象或数据的解释。可对实验方法或装置提出改进建议，也可根据自己取得的经验对如何获得更好的实验结果提出建议，也可据实验中观察到的现象，将实验结果与理论相对照，解释它们之间存在的差异，还可讨论测量误差产生的原因。

结论是根据实验结果所做出的最后判断，叙述时可以引用关键性数据与结果，采用明确、肯定的语言。实验报告要简明扼要，字迹工整。

2. 注意事项

（1）实验报告的书写应注意内容真实准确，文字简练、通顺，书写整洁，标点符号、计量单位等书写准确、规范。

（2）如实记录实验现象和数据，禁止修改或编造实验数据。

（3）说明要准确，层次要清晰。

（4）采用专业术语说明问题。

（5）严禁抄袭、复印他人的实验报告，应独立完成实验报告。

3. 实验报告示例

实　验　报　告

姓名　　　　专业　　　　　　班级　　　　成绩

学号　　　　实验日期　　　　气压　　　　室温

实验名称：

一、实验目的、要求

二、实验原理

三、实验装置（图）、主要药品、试剂的理化常数

四、实验步骤

五、实验现象与数据

六、实验结果

```
七、讨论或结论



```

3.11　学生实验成绩评定方法

　　准确、客观、公平地评定每个学生的实验成绩，对于充分调动学生实验的积极性、主动性和创造性，激发学生的学习热情，提高学生的综合素质，全面改进实验教学方法和手段，提高实验教学效果和实验教学质量具有非常重要的意义。

　　成绩评定方法（以云南民族大学化学与环境学院无机化学实验和分析化学实验为例）：成绩包括平时成绩（实验预习成绩占 15%、实验操作成绩占 35%、实验纪律态度卫生成绩占 10%、实验报告成绩占 40%）和考试（考核）成绩两部分，其中平时成绩占总成绩的 60%，考试（考核）成绩占总成绩的 40%，总分 100 分。

3.11.1　平时成绩

　　1. 预习要求

　　（1）查阅资料、预习实验有关内容。

　　（2）写出预习报告（实验名称、实验目的、基本原理、主要药品、仪器（装置图）、实验条件、步骤、实验记录等）。

　　（3）完成预习思考题。

　　2. 实验操作要求

　　（1）实验操作规范：仪器使用是否正确；实验步骤是否正确；原始数据记录是否完整；玻璃仪器、实验装置及配件的损坏情况（如不按实验步骤操作致使实验装置损坏者，可酌情扣分，情况严重者，实验操作按零分计）。

　　（2）实验完毕是否按规定关闭实验仪器、清理实验用品或废液、关闭水电燃气等。

　　3. 报告要求

　　（1）实验报告格式要求：实验目的、实验原理、基本操作、实验内容、数据记录与处理、思考题等部分。

　　（2）手写报告，字迹清晰，书写工整。

（3）附上已签名的预习报告（或原始数据记录）。

3.11.2　平时成绩记分方式和评分标准

（1）平时成绩按 A+～A、B+～B、C+～C 定标 90～85、80～75、70～60
批改成绩，标记批改时间和教师，并记录到学生成绩卡上（表 3-2）。

表 3-2　无机化学实验学生成绩卡

实验名称

| 年级 | | 专业 | | 组 | | 日期 | | 任课教师 | |

编号	学生姓名	预习情况（15%）	操作技能（35%）	态度纪律卫生（10%）	实验报告（40%）	实验成绩
1						
2						
3						
4						
5						
6						
7						
8						

（2）实验平时成绩评分参考标准见表 3-3。

表 3-3　实验平时成绩评分参考标准表

项目	内容	分值
实验预习	有完整预习报告（书写认真、工整）	15 分
	有预习报告但不完整	10 分
	没有预习报告	0 分
实验操作	实验所涉及的所有操作都准确	35 分
	个别操作不规范	30 分
	有一半操作不规范	20～25 分
	大部分操作不规范	10～15 分
实验报告（含实验数据结果）	按实验要求书写认真、工整、规范；数据及现象记录完整，结果达到本实验要求，有实验讨论及思考题	40 分

续表

项目	内容	分值
实验报告（含实验数据结果）	按实验要求书写基本认真、工整、规范；数据及现象记录基本完整，结果基本达到本实验要求，有实验讨论及思考题	20～30 分
	未按实验要求书写；数据及现象记录不完整，结果没有达到本实验要求，无实验讨论及思考题	15～20 分
实验纪律态度卫生	遵守实验室纪律，态度十分认真，做好卫生工作	10 分
	基本遵守实验室纪律，态度不够认真，做好卫生工作	5 分
	违反实验室纪律，态度很不认真，台面地面脏乱差	0 分

注：实验纪律态度卫生一项可细化如下。

· 实验课迟到、早退者，扣 1～2 分。

· 无故缺席实验者，扣 3 分。

· 不穿实验服做实验者，扣 1 分。

· 不写实验记录者，扣 1 分。

· 实验结束后，使用的玻璃仪器没有冲洗干净者，扣 1 分。

· 向水池扔有堵塞下水道风险的废物者，扣 2 分并进行罚款。

· 使用仪器后不填写仪器使用记录者，扣 1 分。

· 实验操作过程中，不按操作要求移取公用试剂，造成浪费试剂、试剂污染，影响自己和别人实验结果者，扣 3 分并赔偿相应试剂费用。

· 不整理实验所使用的仪器和实验台面者，扣 1 分。不参加实验室布置的大扫除和不参加值日生工作者，扣 2 分。

· 找人代做实验者，扣 3 分。

· 扰乱课堂秩序者，根据情节，扣 5～10 分。

· 实验课堂中禁止接听手机，手机发生响动者，扣 1 分。

· 实验习惯表现突出者，给予 1～5 分的奖励。

3.11.3 理论考试和平时考核

上学期考试为实验理论考试（笔试），统一出题组成试题库，并由学院组织抽题。试题题型包括单项选择题（30 分，1.5 分/题）、判断题（15 分，1.5 分/题）、填空题（25 分，1 分/空）和简答题（30 分，10 分/题）四个部分。下学期考试主要以实验考核形式进行，由指导教师单独进行规定内容的考核。

3.12 实 验 准 备

实验教学能否按教学计划顺利实施，学生实验能否顺利进行，以及实验效果的好坏与实验的准备工作是密不可分的，因此，特制定以下要求。

（1）实验指导教师根据教学计划、教学大纲的要求，依据实验安排及实验的学生人数，提出实验所需的各种仪器设备、玻璃仪器、实验材料及试剂的规格型号和数量。

（2）实验技术人员依据指导教师确定的实验用品清单，申请采购计划。

（3）实验技术人员按照实验内容准备好每个实验所需的所有物品。

（4）实验指导教师进行预做实验。

3.13　实验教学日常管理

为加强实验教学管理，提高实验教学质量，保证实验教学的顺利进行，培养学生良好的实验习惯，制定了一系列的管理措施以进行实验教学的日常管理。例如，制定了"实验教学情况调查表"（表 3-1）、"实验准备卡片"（表 3-4）、"学生实验仪器清单"（表 3-5）、"实验室安全卫生登记表"（表 3-6）、"学生玻璃仪器清点登记表"（表 3-7）、"学生损坏玻璃仪器登记表"（表 3-8）、"实验课平时成绩记分册"（表 3-9）等。

表 3-4　实验准备卡片

实验准备卡片（仪器）

实验名称：　　　　　　　　　日期：　　　　　　　　　课本第　　页

	名称	规格	发出数	损坏数	地点	备注
设备及玻璃仪器准备情况						
	实验人员签字：　　　　　　　　　日期：					
实验教师检查情况	实验教师签字：　　　　　　　　　日期：					
实验结束仪器状态	实验教师签字：　　　　　　　实验人员签字：					
备注						

实验准备卡片（试剂）

实验名称：			日期：		课本第　　页
试剂名称	规格	理论用量	发出量	实际消耗量	备注

实验人员签字：　　　　　　　　　　　实验教师签字：

备注：

表 3-5　学生实验仪器清单

基础实验学生仪器清单

实验室：		柜台号：		
名称	单位	规格	数量	备注

表 3-6　实验室安全卫生登记表

无机及分析化学实验室值日生卫生、安全登记表

实验室：　　　　　　　　　　　　　　实验时间：　　年　　月　　日

检查内容	要求	完成情况（已完成打√）	值日生签名
公共台面	公共台面整洁		
实验试剂	所有试剂整齐摆放在公用试剂台上		
公用仪器	公用仪器摆放整齐，清点临时发放的仪器，若数量不符，请找回并摆放整齐		
通风橱	通风橱内是否整洁，若不整洁，请帮助整理		
水槽	清洁水槽		
垃圾	倒垃圾，套垃圾袋		
地面	清扫地面，拖地		
水	关闭水龙头及各水槽下水阀		
电	关闭总电源		
窗	关好窗户		
门	关好前、后实验室门		

指导教师签名：　　　　　　　　　实验室验收：□合格/□不合格　　　签名：

表 3-7　学生玻璃仪器清点登记表

无机及分析化学实验（期末）学生玻璃仪器清点登记表

柜号	姓名	仪器名称	规格型号	数量	责任教师签字

表 3-8　学生损坏玻璃仪器登记表

学生损坏玻璃仪器登记表

日期	柜号	仪器名称	规格	数量	损坏者	班级	指导教师签名	备注

表 3-9　实验课平时成绩记分册

实验课平时成绩记分册

学院　　　　　　　　年级　　　　　　　　专业

学年学期

课程名称

指导教师

（a）封面

学号：　　　　　　　　　学生姓名：

序号	实验项目	纪律态度（10%）	预习报告（10%）	实验操作（30%）	实验报告（40%）	安全卫生值日（10%）	成绩

（b）内文

3.14　学生实验守则

第一条　学生进行实验前，必须认真学习实验室各项规则并严格遵守。

第二条　实验前必须认真预习实验，无预习报告者不得做实验。

第三条　必须提前十分钟进入实验室做好实验前的准备，不得无故迟到、早退和缺席。因病、事需要调组做实验时，事前必须经实验教师同意。

第四条　实验前，教师必须向学生讲清楚实验内容、目的、要求和实验步骤。

第五条　一门实验课若缺三次实验者，本门实验课视为不及格，必须按有关规定进行重修。

第六条　实验必须按步骤进行，并仔细观察，做好记录，课后及时写好实验报告。实验报告应在下一次实验前交实验指导教师批阅。

第七条　实验中必须按实验教师的要求进行实验，要爱护仪器，节约使用各类实验试剂；用过的试剂必须放回原处，实验的产品及"三废"应按有关规定进行回收或处理后进行排放，保持实验室的整洁和卫生。

第八条　学生进实验室必须穿实验服，不得穿拖鞋进实验室，严禁在实验室内吸烟、吃零食。

第九条　学生做完实验后，要将仪器整理或清洗干净，保持台面整洁，必须轮流值日打扫卫生。

第十条　学生做完实验后，必须认真检查水、电、气、门、窗，征得实验教师同意后方可离开实验室。

第十一条　离开实验室前须洗手，不可穿实验服、戴实验手套进入餐厅、图书馆、会议室、办公室等公共场所。

第十二条　学生应学会正确使用灭火器材和急救药品，清楚急救箱、灭火器材、紧急洗眼装置和冲淋器的位置，实验中遇突发事故，应及时报告实验教师并协助教师处理事故。

3.15　科研实验管理

科研实验管理和实验教学管理一样，都是实验室管理的基本任务，而科研实验管理是学校科学研究管理的主要内容，科研是科学研究活动的重要过程，是产生科技新理论、新产品、新材料和新技术的源泉，也是提高教学质量、培养高级专门人才的重要途径。一般认为，凡是具有研究、探索、创新目的的实验活动，都属于科研实验的范畴。在自然科学研究中，绝大部分都离不开实验室。基础研究、应用研究和实验技术研究，如仪器设备功能开发、新仪器设备的研制等实验活动，均属于科研实验。

1. 科研实验的基本内容

在实验室教学管理工作中，凡是为了达到研究、探索、开发、研制、创新等目的而进行的实验活动，都属于科研实验的范畴。

2. 实验教学中的研究性实验

高等学校培养研究生的教学内容中很重要的一部分是科研实验。一些研究生及本科生的研究课题和论文，都是导师的科研课题内容，他们参与承担了部分科研实验任务。导师们指导他们探索性地研究，而实验室，则为他们提供了实验环境和物质条件，使他们尽快地完成实验任务，从而利于有效地开发学生的智能，培养其独立分析问题、解决问题和初步科研的能力。

3. 实验技术的开发研究

实验技术的发展是和科学理论、工程技术的发展相辅相成、相互促进的。因此，实验技术的开发研究，无疑是高等学校科研实验的重要内容之一。实验技术的开发研究包含实验技术理论、方法与手段的开发与研究。

4. 科研项目中的实验活动

实验室，特别是重点实验室是国家科学研究的重要场所之一，高等学校承担着国家高科技项目、省部级项目，也有厂矿企业委托的研究项目，还有学校本身的科研项目的研究。有纵向课题，也有横向课题。这些项目无论是基础研究、应用研究还是开发研究，绝大多数都要在实验的基础上才能完成。因此，科研实验已经在几乎所有的科研项目中占据了极为重要的地位，发挥着极其重要的作用。

3.16　科研实验管理的基本任务

科研实验管理首要的是学术管理，即确定实验室的学术方向，制定发展规划，确立特色，增强与国内外的学术交流。《国家重点实验室建设与管理暂行办法》规定，重点实验室要设立学术委员会，由国内外优秀的同行专家组成。主要职责是审定实验室的研究方向和计划，评审课题，组织论文答辩和成果评价等。其他各种科研实验室也应有相应的学术领导核心，掌握实验室的学术方向。

3.17　科研实验的管理制度

科研实验管理制度和规范化管理的方法，是保证实验室出成果、出人才的重要措施。为此，必须建立健全管理制度，相关制度简列如下。

（1）科研实验室建立审批制度；

（2）科研项目的管理制度；

（3）科研实验室工作评估及效益考核制度；

（4）科研实验人员考核制度；

（5）成果考核与验收制度；

（6）安全、卫生、保密制度；

（7）仪器设备和材料领用制度。

第4章 实验室环境与安全的管理

实验室环境管理工作就是为在实验室里进行实验活动和管理活动的人员创造优良、安全的工作环境和秩序,使其专心致志地完成他们的工作。实验安全防护是高等学校安全保卫工作的重要组成部分。要坚持"以人为本、预防为先"的安全管理理念。实验室安全管理包括实验室防火、防爆、防水、实验室电气安全、实验室安全保卫、实验室劳动保护、实验室信息安全等。实验室安全保卫主要包括盗窃防范、滋扰防范、安全检查等。实验室劳动保护是在进行实验教学和科学研究过程中保护师生、技术人员的健康和安全,它也关系到实验仪器设备的完好程度,必须引起足够的重视,万万不可粗心大意。实验室要严格遵守《中华人民共和国保守国家秘密法》等有关安全保密法规和制度,要经常对师生开展安全保密教育,切实保障人身和财产安全。

4.1 高校实验室环境建设与安全的重要性

1. 实验室建设是教育部本科教学水平评估的需要

普通高等学校本科教学水平评估以《中华人民共和国高等教育法》为依据,贯彻"以评促改,以评促建,以评促管,评建结合,重在建设"的原则。通过水平评估进一步加强国家对高等学校教学工作的宏观管理与指导,促使各级教育主管部门重视和支持高等学校的教学工作,促进学校自觉地按照教育规律不断明确办学指导思想、改善办学条件、加强教学建设、强化教学管理、深化教学改革、全面提高教学质量和办学效益。

在此评估中,教育部将高校对学生实践能力的培养方法和实践环境建设列为其评估内容。

2. 建设良好的实验室环境是培养创新型人才的需要

在学校实验室从事的教学科研工作,一方面是为了发展科技事业、推动现代化建设,另一方面是为了培养人才。所以学校实验室的建设与发展,不能离开培养人才这一主题。要培养创新型人才,必须营造有利于创新的环境。

3. 建设良好的实验室环境、健全保护措施是保障实验人员健康的需要

有些实验采用的技术方法，如 X 射线、γ 射线、中子射线等，或者使用放射性元素进行的各种研究和实验，若防护不当均有可能对人体产生电离辐射。有些实验易产生粉尘、噪声、有害气体等污染；有些实验会接触病菌和有毒试剂等。这些实验都有可能对人体产生危害，应采取相应的处理和防护设施。

4.2　高校实验室环境建设原则

1. 实验室环境建设应从需要入手

进行实验室环境建设，要充分理解建设和需要之间的关系。高校实验室建设应坚持高标准，要从实际需求入手，不能不考虑学校实际经费及教学需要而盲目提高标准，要避免因盲目高水平建设造成的设备等资源的浪费。

2. 实验室环境建设应注意和实验内容的协调

实验室环境建设应注意和实验内容的协调。实验室环境建设是为实验教学和科研服务的，这是环境建设的前提，因此，在进行环境建设时，要注意建设内容和所在实验室的实验内容相协调。要确立以人为本的思想，要从“人（学生、教师、科研人员）是实验室的主体，实验室是人活动的舞台”这一观点出发，精心设计，合理规划，应大力加强实验室环境文化底蕴的建设。改革开放以后，建设、创造良好的文化环境，成为高校和学生发展的重要条件。要把美学、心理学、健康学等知识和装饰艺术应用到实验室环境的规划设计中，采用多种方式丰富实验室的人文环境。

4.3　实验室环境的要求

在实验室内部环境的规划中，要根据实验室工作的实际需要和安全防护的需要，合理设计、配备实验室内部的采光、遮阳、供水、供电、供气、防火、防尘、隔声等功能和设施。

1. 实验室的采光

实验室的采光应尽量合理地利用自然光线，这对增加照明度、节约能源和保护视力都有很大的好处，而且可以利用日光的紫外线起到良好的消毒作用，净化实验室空气。因此，在实验室设计施工中，要合理选择门窗的位置和大小。

2. 实验室的通风

实验室承担着大量的实验任务，由于人数多，实验时间长且实验过程中常可能产生有毒或易燃的气体，常常造成实验室内空气污浊，因此，实验室必须具备良好的通风条件。在设计实验室时，要根据各类不同实验室的特点和要求，使之自然通风换气良好，必要时还应配备抽风设备，排风机的安装应选择正确的位置，使实验室的废气能迅速排除而不影响周围环境，为师生创造良好的实验环境。通风设施一般有三种。

（1）全室通风。

采用排气扇或通风竖井达到全室通风的效果。

（2）局部排气罩。

局部排气罩一般安装在大型仪器产生有害气体部位的上方。在教学实验室中产生有害气体的上方，设置局部排气罩以减少室内空气的污染。

（3）通风橱。

通风橱是实验室常用的一种局部排风设备，内有热源、水源、照明等一系列装置。实验室可采用防火防爆的金属材料制作通风橱，内涂防腐涂料，通风管道要能耐酸碱气体腐蚀。

3. 实验室的供电

实验室的每项工作几乎都离不开电。实验室的电源分为照明用电和设备用电。因此，电力供应的稳定性是实验室工作的重要条件之一。对有可能因停电造成重大损失的重点实验室或特殊实验室，应设置用电专线或不间断电源等必需设施，以保障实验室的电力供应。同时在室内及走廊上应安置应急灯以备夜间突然停电时使用。

4. 实验室的供水与排水

由于各实验室的任务、性质不同，供水与排水的要求也不一样，有的实验室必须有供水条件，供水系统要保证必需的水压、水质和水量，应满足仪器设备正常运行的需要。室内的总阀门应设在易操作的显著位置。下水道应采用耐酸碱腐蚀的材料，地面应有地漏。

有的实验室要求对排放的废水做净化处理，净化处理的方法很多，可根据本单位的条件因地制宜。因此，在设计和施工中必须完善供、排水系统，使其通畅、安全、易于控制，确保供、排水管理的合理有效和废水的处理得当，不污染环境。

5. 实验室的供气

高等学校的实验室中所需要的氧气、压缩空气、乙炔气等各种气体日渐增多。因此，在实验室建设中，要对供气问题统一考虑，设置集中供气源和统一供气管道，保证各种用气的供应和安全。

6. 实验台

实验台主要由台面和器皿柜组成。为方便操作，台上可设置药品架，台的两端可安装水槽。理想的台面应平整，不易碎裂，耐酸碱及溶剂腐蚀，耐热，不易碰碎玻璃仪器等。

4.4　化学品储藏室

化学品储藏室由单位统一规划，由于很多化学试剂属于易燃、易爆、有毒或腐蚀性物品，所以不要购置过多。储藏室仅用于存放少量近期要用的化学药品，且要符合危险品存放的安全要求。要具有通风良好、防明火、防潮湿、防高温、防日光直射、防雷电的功能。

储藏室门窗应坚固，窗应为高窗，门窗应设遮阳板。门应朝外开。易燃液体储藏室室温一般不允许超过 28℃，爆炸品不允许超过 30℃。少量危险品可用铁板柜分类隔离储存。室内设排气降温风扇，采用防爆型照明灯具和开关。储藏室内外都应设有明显的禁烟禁火标志，并按规定配足消防器材。

4.5　钢　瓶　室

易燃或助燃气体的钢瓶要求放置在实验室外的钢瓶室内。钢瓶室要求远离热源、火源及可燃物仓库等。钢瓶室要用非燃或难燃材料构造，墙壁用防爆墙、轻质顶盖，门朝外开。要避免阳光照射，并有良好的通风条件。钢瓶需距明火热源 10m 以上，室内应设有直立稳固的铁架用于放置钢瓶。

4.6　防火与安全疏散设施

在进行实验室内部环境规划时，防火必须作为一个重大的问题考虑，除了按常规设置消防栓、放置灭火器等防火器材，消除各种引发火灾的隐患外，更重要的是要按照消防要求设置安全楼梯、安全走廊、通道等，便于发生火灾时，能将人员和贵重设备迅速、安全、顺利地撤离火区。

1. 消防应急照明及疏散指示标志

发生火灾，电源被切断时，如果没有应急照明和疏散标志，人们往往因找不到安全出口而发生拥挤、碰撞、摔倒等，尤其是人员高度聚集的场所，很容易造成重大伤亡事故。因此，设置应急照明和疏散指示标志是非常必要的（图4-1）。

图 4-1　疏散标志

消防应急照明灯一般设在墙面和顶棚上，地面最低照明不应低于 0.5lx（勒克斯）。安全出口和疏散门的正上方应采用"安全出口"作为指示标志。沿疏散走道设置的灯光疏散指示标志应设在走道及拐角处距地面 1m 以下的墙面上，且灯光疏散指示标志的间距不应大于 20m。消防应急照明灯具和灯光疏散指示标记应设有玻璃或其他非燃料材料制作的保护罩。应急照明和疏散指示标志可采用蓄电池作为备用电源，备用电源的连接供电时间不应少于 30min。

2. 防火窗

防火窗是指在一定时间内，连同框架能满足耐火稳定性和耐火完整性要求的窗。正常情况下采光通风，火灾时阻止火势蔓延。防火窗按材质可分为钢质、木质、钢木复合三种类型；按使用功能可分为固定式防火窗和活动式防火窗，活动式防火窗具有手动和自动关闭的功能；按照耐火性能可分为隔热式和非隔热式防火窗两种类型。

3. 防火门

防火门是指在一定时间内，连同框架能满足耐火稳定性、完整性和隔热性要求的门。防火门除具有普通门的作用外，更具有阻止火势蔓延和烟气扩散的特殊功能。防火门按所用材质可分为钢制防火门、木制防火门和其他材质防火门；按照耐火性能可分为隔热式防火门、部分隔热防火门和非隔热防火门。

为便于人员疏散、逃生，防火门的开启方向应为疏散方向，同时疏散通道内的防火门设有顺门器，能自动关闭，防火门关闭后应能从任何一侧手动开启。

4. 安全出口及疏散走道

凡是符合疏散安全要求、保证人员安全疏散的逃生出口均称为安全出口，如建筑物的外门、楼梯间的门、防火墙上所设的防火门、经过走道或楼梯能通向室外的门等。

安全出口应易于寻找，并设有明显标志，要遵循"双向疏散"的原则分散布置，即建筑物内人员停留在任意地点，均宜保持有两个方向的疏散路线，充分保证疏散的安全性。

疏散走道为疏散时人员从房门内到疏散楼梯或安全出口的室内走道。它是疏散的必经之路，为疏散的第一安全地带，所以必须保证它的耐火性能。疏散走道的设置要简明直接，不应设置台阶、门槛、门垛、管道等突出物，以免影响疏散。

5. 防、排烟系统

烟气中的有毒气体和微粒，对生命构成极大威胁，是造成人员伤亡的主要因素。有关实验表明，人在浓烟中停留 1～2min 后就会晕倒，接触 4～5min 就有死亡的危险。火灾中的烟气蔓延速度很快，在较短时间内即可从起火点迅速扩散到建筑物内的其他地方，严重影响人员的疏散与消防救援。防烟、排烟的目的是要及时排除火灾产生的大量烟气，确保建筑物内人员的顺利疏散和安全避难，控制火势蔓延和减小火灾损失，为消防救援创造有利条件。

4.7　发生火灾后采取的措施

火灾发生后，应在向消防部门报警的同时，及时通知相邻房间的人员撤离，在确保自己能安全撤离的情况下，采取正确的灭火方法和选用适当的灭火器材积极进行扑救。

常用的方法有：移走火点附近的可燃物；关闭室内电闸以及各种气体阀门；对密封条件较好的小面积室内火灾，在未做好灭火准备前应先关闭门窗，以阻止新鲜空气进入，防止火灾蔓延；尽可能将受到火势威胁的易燃易爆化学危险品、压力容器等危险物质转移到安全地带；根据火灾的性质、类别选用如灭火器、消防栓等相应的灭火器材进行灭火等。

4.7.1　火灾报警

《中华人民共和国消防法》第四十四条规定："任何人发现火灾都应当立即报警。任何单位、个人都应当无偿为报警提供便利，不得阻拦报警。严禁谎报火警。"负有报警职责的人员若不及时报警，依据《中华人民共和国消防法》的规定受到处罚。

4.7.2　安全疏散和逃生自救

1. 安全疏散

安全疏散是指当发生火灾时，现场人员及时撤离建筑物并到达安全地点的过程。人员疏散工作应由专人指挥，按预定的顺序、路线进行疏散。疏散过程中疏散人员应保持冷静，不要乱跑或盲目随从别人，应辨清着火源方位和有毒烟雾流动方向，尽可能避开烟雾浓度高的区域，向火场上风处疏散。

2. 逃生自救

火灾发生时，由于现场火势不同，被困人员所处的位置不同，因此逃生自救的方法也不尽相同。被困人员应根据现场情况而采取相应的措施和方法进行逃生自救。

4.8　加强实验室环境保护

1. 加强对教师和学生环保意识的教育

在当前环境污染日趋严重的形势下，唤起人们对环境问题的新觉醒，增强人们的环保意识显得尤为重要。在高等学校中要积极开展环境教育，把环境教育寓于各科教育之中。要把环境教育贯彻于日常思想教育工作中，积极开展环境教育实践，让学生意识到环境与每个人的健康和生存息息相关。在高等学校，优秀的师资队伍是确保环境保护教育成功的关键，特别是实验室专职教师和实验室辅助人员要有高度的责任心，不论是在课堂教学还是在课堂外，都应以身作则。在实验课前的准备和实验操作过程中要符合环保要求，以培养学生良好的环保操作习惯，由此使学生逐步产生环保的理性认识，培养学生的环保意识。

2. 对有害废弃物必须进行特别处理

要减少实验室废弃物对环境的污染。在实验教学中实验药品要按量配制，按需领取。剩余药品要及时回收，不得将其随意注入下水道；尽量选用无毒或低毒的药品替代有毒有害的药品；教师应充分调动学生的积极性，教学生科学合理地操作实验，利用已学过的知识自行设计处理实验室废液，把实验产物的无害化处理作为实验内容中的一个环节，在实验方案中预先予以考虑。

总之，实验室环境管理，要从保障工作人员和周围人群的安全，减少危害出发，做到对实验室现有污染的治理，巩固和提高治理效果，防止新的污染，使实验室具有一个良好的、洁净的、安全的工作环境。

4.9　实验室安全管理

安全是实验室管理工作的基本原则之一。实验室安全工作的主要任务是要做到安全实验、文明实验，以保证实验教学和科学研究的顺利进行，保障师生的安全和国家的财产不受损失。

4.9.1　实验室安全总体原则

实验室安全工作的内容是保障参加实验室工作人员的人身安全、设备安全，使实验室工作顺利进行。在大力加强实验室环境建设的同时，还应制定包括一般安全操作规则、实验室安全保卫制度、安全防火条例、实验室"三废"处理制度、压力容器安全管理细则、实验室安全与卫生管理制度、日常安全与环保管理（实验室安全工作记录）等一系列的规章制度。它主要包括一般安全工作规则，以及电器、易燃气体、危险品、高压容器、防火、防放射及急救等各种规章制度、安全规则，使实验室工作的人员有章可循、有法可依。

4.9.2　一般安全操作规则

在实验中，所有参加实验的人员都应遵守安全操作规则。

（1）准确记住实验室供电、供水、供气的各闸和各个分闸的位置，开启和关闭方向。工作结束后和离开实验室前，应关闭一切水、电、气闸及门、窗。工作时间若中断过水、电、气，更应注意关闭有关闸阀。

（2）实验室的所有出路及通道必须保持畅通。如有人使用实验室，则不能把出口门上锁。实验室内人员应了解详细的逃生路线。

（3）实验室及其附近应设置并注意更新防火、防毒、防爆设施。发生事故时，应先切断电源、气源，抢救人员，排除故障。实验室及准备室的光线必须充足。在光线不足的环境下工作，可能会发生危险。

（4）仪器设备、材料应妥善放置。试剂药品应贴上标签后再存放。挥发性物品应存于通风良好的地方或冰箱内；有毒特别是剧毒物品应设专人专柜加锁保管；易燃易爆物品应置于远离热源处。化学品应定期加以检查，并保存详细的记录。

（5）实验室内每瓶试剂均须贴有明显的与内容物相符的标签。任何残旧及模糊不清的标签，应立即更换。严禁将用完的原装试剂空瓶不更新标签而装入别种试剂。

（6）工作中不要使用不知其成分与性质的物品，在取用腐蚀类、刺激性物品时，应戴上橡胶手套和防护眼镜，取放加热物品时，应用夹子，避免手直接接触。

（7）在危险或有毒场所工作时，应事先穿戴好劳动安全防护用品，并尽量在上风方向或安全地点操作。

（8）严禁试剂入口，严禁实验器皿与餐具互相代用，坚持实验结束后洗手漱口。

（9）搬动高压容器或易碎物品时，应有防护措施，并避免振动、撞击。

（10）仪器设备有异常响动时，应立即停止使用，查明原因，排除隐患后，再行启动。

（11）实验室及实验准备室应经常保持整洁。玻璃碎片或溢出的化学品须立即清理。不应将固体废物抛弃在洗涤槽中。残渣、废物、废酸、废碱、废毒物品等，严禁倒入水槽和下水道。

（12）每日工作完毕应检查水、电、气、门窗，进行安全登记后方可锁门。在预计有一长段时间不会使用实验室时，应把所有的水龙头、电闸及供气总闸关妥，并把门窗锁好。

4.10　相关的实验室安全规章制度

4.10.1　实验室安全管理制度

实验室安全管理制度

为确保实验室和实验人员的安全、国家财产不受损失，保证教学、科研工作的顺利进行，特制定本制度。

第一条　实验室实行学院领导下的安全岗位责任制，指定专人担任各个实验室的安全员，经常对有关人员进行安全教育并检查实验室安全情况，提高防范事故发生的能力。

第二条　安全员负责本室安全工作，并建立安全教育制度、安全责任制度和安全报告制度。

第三条　对进入实验室的人员，要进行安全教育培训，讲明本室的安全规定、实验中的注意事项及仪器设备的操作规程。培训不合格者，不得进入实验室做实验，不得动用仪器设备和实验用品。

第四条　进入实验室要穿实验服，不准穿拖鞋，必要时佩戴防护眼镜；在进行危险性实验时，必须有人监护；尽量避免使用明火，必须使用时要加强安全防范措施。

第五条　在实验室内不准大声喧哗，不准吃零食，不准带小孩，不准乱丢废弃物，保持实验室的干净整洁和空气流通。

第六条　注意实验室研究内容与研究成果的保密工作，避免该方面的损失。

第七条　实验室的仪器、设备、实验台、橱柜等安放要规范；实验室禁止堆放杂物；禁止违章上岗操作；做完实验要认真清理实验场地，切断水源、电源、气源并熄灭火种，关好门窗。

第八条　禁止超负荷用电，不准乱拉乱接电线，确实需要临时接拉电线时应注意安全，用毕后立即拆除；易燃易爆物品要指定专人负责；实验室工作人员应学会正确使用消防器材，且消防器材要按照要求定期检查更换并置于醒目处以便取用。

第九条　要采取有效措施防止仪器设备的丢失和损坏，丢失和损坏仪器设备按照《仪器设备丢失、损坏赔偿制度》处理。

第十条　毒品、危险品、菌类、组织材料、动物等要指定专人负责管理；做有毒性的实验时，实验室必须具备良好的通风、排风设施和相应的急救处理办法；严禁倾倒未经处理的有毒有害废弃物。

第十一条　腐蚀性物品要避开易腐蚀物品存放，使用腐蚀性物品要小心。

第十二条　实验室发生安全事故必须及时上报实验室领导和学校有关管理部门。严禁隐瞒虚报事故。各个实验室应建立适合自己应对事故的方案和措施。

第十三条　相关人员要严格遵守实验室安全管理制度，做好实验室安全保障工作。对违反安全管理制度和实验操作规程、玩忽职守造成各类事故的，将按照有关规定追究相关责任人的责任，并给予相应的处理。

4.10.2　实验室工作人员管理守则

实验室工作人员管理守则

为维护实验室秩序，保障实验室和谐运行，同时使实验室工作人员树立安全第一的意识、严谨务实的实验及研究态度，特制定本管理守则。

第一条　所有进入实验室做实验的人员均必须遵守本管理守则。

第二条　每个实验室都有指定的负责人进行统一协调管理，所有工作人员应自觉服从实验室负责人的合理安排。

第三条　新进实验室的工作人员要接受安全、保密等方面的教育培训，合格后方可开展实验研究工作；要高度重视实验室安全，熟悉实验室安全出口、灭火器、水电总阀的位置；日常实验时要穿实验服，必要时佩戴防护眼镜；做危险实验时要采取必要的防护措施，并通知周围其他实验人员，不允许单独做危险性实验；发生实验事故要及时上报，不得隐瞒。

第四条　不迟到，不早退，生病或有事要向实验室负责人请假；实验进行期间严禁擅自离岗，特殊情况必须离开时，要请人代为看管，并向代管人交代清楚注意事项，发生事故代管人要负相关责任；严禁在实验室进行与本职工作无关的活动。

第五条　养成良好的实验习惯，规范实验操作，不做无准备的实验；按照要求进行实验记录，保持记录的真实性、完整性和规范性；未经负责人允许，不准将实验记录借给其他人员，毕业或学业终止离校时要上交所有实验记录。

第六条　严格遵守公用仪器的操作规程和使用登记制度，若一再违规，管理人员有权终止其使用；凡对拟使用的仪器设备操作不熟悉者，务必请教仪器的主管人员；对正常使用过程中仪器的损坏或故障，要立即停止使用并向主管人员报告，以便及时维修处理，使用者不必承担责任；对违规操作造成的仪器损坏或故障，要追究操作者的责任，并给予相应的处罚。

第七条　节约爱惜使用试剂和仪器设备，注意环保和自我保护；对公用试剂和仪器，用毕及时放回原处并保持其清洁干净，不得私藏私占；实验室的各种财产，包括仪器设备、实验设施、器皿、菌株、药品、试剂等，外借或带出时，必须取得管理人员同意并登记，严禁私借私带。

第八条　实验过程中产生的废液、废渣，要倒入专门的收集容器以便集中处理，不得乱排乱放。

第九条　实验室的门钥匙由实验室管理人员安排分配，不得私配和转借。

第十条　实验室管理人员必须尽职尽责，工作合理公正，保证实验室的正常运行。

第十一条　爱护公共卫生，保持实验室干净整洁，严禁在实验室抽烟、吃零食、乱扔废弃物。

4.10.3　安全防火条例

安全防火条例

第一条　全体教职工及学生必须接受安全防火教育，掌握消防器材的使用方法。

第二条 实行消防安全责任制度。

第三条 实验室区域为禁烟区，严禁在实验室吸烟及吃零食。

第四条 实验室必须设置灭火器、沙箱、消防栓等设施，并保持消防器材的正常状态。

第五条 实验室必须设有专门的化学试剂保管室，化学试剂应根据其性质分类保管；保管室必须通风、干燥、避光。

第六条 在搬运化学试剂时，应按其化学性质轻装轻卸，不得碰撞、翻滚、倾倒。

第七条 实验人员应定期对所管理的化学试剂进行检查，及时消除隐患。

第八条 做实验时，对易燃、易挥发的物品的使用必须在通风橱里进行，必须远离明火及电源。

第九条 做完实验后，在离开实验室前一定要认真检查水、电、门、窗，确定完全关闭后方可离开。

第十条 发生火灾事故时，一定要沉着冷静，及时报警，正确地选择和使用灭火器材，把火扑灭在初起状态。

4.10.4 实验室化学废弃物收集处理办法

实验室化学废弃物收集处理办法

为保障教学、科研实验的顺利进行，保护参加实验的教师、学生的身体健康，防止环境污染，根据上级的有关规定并结合实际情况，特制定本办法。

第一条 实验室化学废弃物是指实验室内产生的有毒有害的废液、残渣、废旧试剂、空瓶等。

第二条 废液必须分类收集，分别装入废液桶中，废液面与桶口间距在10cm以上以防溢出，盖严内盖、外盖，并贴上标签，注明实验室门牌号、责任人及废液组分。

第三条 不同废液在倒进废液桶前要了解其相容性，再分门别类倒入相应的废液桶中，禁止将不相容的废液混装在同一废液桶内，以防因发生反应而出现放热、燃烧、爆炸等现象，杜绝事故的发生。废液桶应放在专门指定的位置。

第四条 试剂空瓶中不得含有固体或液体废弃物，试剂瓶等固体废弃物必须用牢固的纸箱装好，并贴上标签，注明实验室门牌号、责任人及内装物。

第五条 实验室化学废弃物原则上每学期处理一次，处理前，实验室管理中心负责联系资质单位来清点待处理的化学废弃物的种类和数量，清点完后再统一装运处理。装运处理当日，各实验室应根据要求，按时将化学废弃物送至集中装运点，并指派专人看管直至化学废弃物被装运走为止。

第六条　全体师生员工要树立环境保护意识，不能随意掩埋、丢弃、倾倒各类化学废弃物，不得将化学废弃物混入生活垃圾和其他非危险废弃物中。

第七条　实验室必须指定专人负责化学废弃物的安全管理工作，做好实验室化学废液、固废、试剂空瓶等的收集、存放、处置、台账记录等管理工作，保障安全，确保无事故发生。

第八条　鼓励和支持各实验室对各类化学废弃物进行充分回收与合理利用。

第九条　对化学废弃物管理不得力，造成事故的实验室，将根据情节轻重给予批评教育或处分。

4.11　实验室防护措施

4.11.1　加强实验室安全宣传教育的必要性

实验室是科学研究和人才培养的重要基地，也是危机四伏、意外易发的场所。特别是化学实验室，因使用多种危险化学品和各类电器设备，并且往往会涉及高温、高压、真空、辐射、磁场等危险因素，加之实验室人员密集，空间拥挤，活动频繁，实验人员长时间工作易产生疲劳、注意力不够集中等因素，诸多的安全隐患使化学实验室安全问题不容忽视，开展化学实验室安全教育非常必要。坚持"安全第一、预防为主"的方针，建立技术安全教育体系，注意教育广大师生，使其得到正规的安全知识培训，提高自保和互保意识与能力。克服麻痹大意的侥幸心理，使师生自觉地认识到实验室安全工作的重要性。

（1）实验室安全教育是保障实验室安全的关键措施。

调查研究发现，近年来国内高校大多数实验室发生安全事故的根本原因在于实验者安全意识淡薄，思想上麻痹大意，怀有侥幸心理，缺乏实验室安全的必要知识及技能，甚至进行违规操作。如果在进入实验室前就对实验者进行严格全面的实验室安全教育，使他们有足够的安全意识并具备必要的安全知识和技能以及事故防范能力，就能最大限度地避免实验室安全事故的发生，保障实验室工作顺利、安全。因此，开展实验室安全教育是确保实验室安全的必要环节和关键措施。

高校越来越重视实验室安全教育工作，化学实验室安全教育讲座已成为学生进入实验室做实验前的必修环节，在每学年进行实验的第一周，都专门安排人员讲授实验室安全的相关知识，使学生对实验室安全有了认识后，才能进入实验室进行实验。在实验教学中，对可能出现的安全问题还会进一步提醒。各实验室在醒目的地方都悬挂有关安全内容的规章制度，如《学生实验守则》、《实验室安全管理制度》、《实验室工作人员管理守则》、《安全防火条例》、《实验室化学废弃物收集处理办法》等。

（2）实验室安全教育是提高学生安全素质和构建安全文化的迫切要求。

安全素质是学生综合素质的重要组成部分。在我国的高等教育体系中提倡素质教育，但没有突出对学生安全素质的要求，一些学校也没有把提高学生的安全素质列入教学计划，这造成了一个严峻的事实——安全事故中学生缺乏安全逃生、科学施救的知识和技能。

近年来发生的各类安全事故就暴露出安全文化教育的严重缺失。因此，高校有必要通过开展安全教育提高学生的安全素质，形成良好的校园安全文化氛围。学生在将来走上社会后，也会把安全文化融入安全观念、安全行为、安全管理中，使自己受益终身，对国家也有非常重要的意义。《中国青年报》社会调查中心对千名大学生进行的在线调查结果显示，77.5%的大学生赞成高校开设安全教育类课程，82.9%的大学生认为应当进行应对突发事件的演习，这也反映了大学生对于安全教育的迫切要求。安全教育关系到全民安全素质的提高，高校实验室安全教育是大学生安全素质培养的必然要求。

（3）实验室安全教育是国家法律法规的要求。

在"以人为本，安全第一，预防为主"的指导思想下，安全教育已逐步纳入制度化、法律化的轨道。2002年9月1日开始实施的教育部12号令《学生伤害事故处理办法》指出："学校应当对在校学生进行必要的安全教育和自护自救教育……学校组织学生参加教育教学活动或者校外活动，未对学生进行相应的安全教育，并未在可预见的范围内采取必要的安全措施的"，"学校应当依法承担相应的责任。"2010年1月1日起施行的教育部《高等学校消防安全管理规定》第三十五条规定："学校应当将师生员工的消防安全教育和培训纳入学校消防安全年度工作计划。"这些法律法规的陆续施行，表明我国已越来越重视高校安全教育工作。而作为安全隐患较多、安全事故多发的场所，实验室的安全教育更是重中之重。

4.11.2　健全实验室安全管理责任制

要把安全工作真正落到实处，在建立"专管成线、群管成网"安全管理保障体系的基础上，就要强化各级岗位安全责任制，做到"人人有责，事事有主"。实验室安全管理可分为四级：一级管理是由校领导小组和主管校长负责全面领导，由学校安全办公室和实验室管理科行使监督、检查职责；二级管理是由各院、系等主要负责人确立各自安全职责并实施本部门的领导与检查；三级管理是由实验室主任落实本单位的安全工作的具体实施；四级管理是由各实验室的实验技术人员负责本室的防火、防爆、防盗、防破坏工作，以及特殊技术安全工作，做到及时发现隐患，及时上报，及时处理。学校同时对易燃、易爆、放射性同位素、有害射线，病菌、实验动物、剧毒物品的储存使用和特种设备等设置管理岗位，制订岗位职责和安全操作规程，并做到定期检查。涉及特殊技术安全的实验技术人员必须参加指定的培训，取得上岗证后，方可参加实验教学和科研工作。

4.11.3　安全检查工作深入、细致

在学院负责人的领导下，实验中心经常巡视检查各实验室，包括灭火器的配备数量，使用年限；防火沙箱的配备数量，放置位置；各实验室的用水、用气、用电情况等。做到及时指正和提出处理意见，可提高全体师生安全防护意识和应变能力。

4.11.4　完善安全工作档案

安全档案制度的建立，可增强师生的安全责任感，有利于安全工作的监督检查，以及事故的分析。它是每次活动的见证，也是开展下次活动的依据。为建立制度化、规范化、科学化的实验室安全管理体系提供了丰富的实践经验。实验中心在每个长短假期前都要求假期间需使用实验室的教师进行申请（表 4-1），在落实安全责任后方可使用实验室。居安思危，常抓不懈，是搞好实验室安全管理工作的保证。我们需要继续努力，不断探索实验室安全管理工作的新经验，以保障实验教学、科学研究工作的顺利开展。

表 4-1　实验室假期使用申请表

为保证学校放假期间实验室及实验人员安全，实验室使用申请人郑重做出如下承诺：
1. 严格遵守学校及学院有关假期实验室安全的管理规定。
2. 保证所申请的实验室及学生安全，学生每天向导师安全事故零报告。
3. 不允许非本校人员单独进入实验室。
4. 研究生导师保证对实验室进行安全检查，发现安全问题及时处理并上报。
5. 在实验室使用期间保持电话 24 小时畅通。

申请实验室门牌号			
实验学生			
实验室负责人（签字）		负责人电话	
申请使用时间	年　月　日～　　年　月　日		

申请说明：

承诺人：
年　月　日

实验中心意见：

年　月　日

学院意见：

年　月　日

　　在实验室工作中要切实有效地做好实验室日常安全管理，各实验室要认真落实各级安全管理岗位，形成在校安全领导小组和主管校长领导下，由学校安全办公室和实验室管理科实施实验室安全监督、检查职能，各院、系具体负责本单位的实验室安全管理，如此层层分解落实到各实验室，一直延伸到实验室的每个房间。并在每间实验室门口的显著位置张贴使用本室的人员信息（表 4-2）。

表 4-2　实验室信息公示栏

实验室门牌号		实验室学生信息			
		年级	专业	人数	备注
实验室性质					
实验室负责人					
实验室负责人电话					
其他教师成员		联系方式			
		联系方式			
		联系方式			
		联系方式			

学校保卫处电话：　　　　　　　　火警电话：119　　　报警电话：110

4.12　实验室的劳动保护

　　实验室的劳动保护是关系到实验室工作人员的安全与健康，稳定实验室工作和教学实验与科学实验顺利进行的大事，必须依照国家的劳动保护法和国家教委颁发的《高等学校实验室工作规程》中提出的，对人体有害的环境要切实加强实验室环境的监督和劳动保护工作，提高认识、认真对待、坚决执行。

1. 实验室劳动保护的内容

　　实验室要认真做好安全防护工作，做到安全实验、文明实验，切实保障师生员工的安全和国家财产不受损失。具体如下。

　　（1）劳动条件是为了防止发生职业疾病，在劳动条件方面不断改善，如加强室内照明、降温、防毒等措施。

　　（2）劳动服装是根据实验室工作性质的不同，按照劳动保护的有关规定制定工作人员的劳动服装，如白大衣、蓝大衣、鞋、帽等。

　　（3）制定必要的仪器设备安全使用的操作规程、安全值日制度等。

2. 实验室劳动保护的主要工作

劳动保护的主要工作是根据实验室中的毒性、射线、震动、噪声、高温、低温、病菌危险性等一系列能直接或间接对人体产生的危害，制定防护措施。

3. 实验室工作人员的营养保健

高等学校对从事有害健康工种人员实行营养保健，这是一项保护性辅助措施。

4.13　实验室的安全防火

实验前应充分预习，了解实验内容及有关安全事项。实验教师需对本次实验的实验内容及安全注意事项做细致讲解。实验开始前，先检查仪器是否完整、放妥。实验时不得随意离开，必须注意反应情况，检查是否漏气或出现玻璃破损。实验完毕要关好水、电、气开关。操作中如有易燃、易爆物品，附近应设灭火用具和急救箱。对化学实验室而言，这类实验室的特点是：化学物品繁多，其中多数是易燃、易爆物品，在实验室中常进行蒸馏、回流、萃取、电解等操作，用火、用电也比较多，一旦使用不慎，很易发生火灾。特别是学生做实验时，更易发生事故。对这类实验室的要求如下。

（1）化学实验室应为一、二级耐火等级的建筑。有易燃、易爆蒸气和可燃气体散逸的实验室，电气设备应符合防爆要求。

（2）实验室的安全疏散门应不少于两个。

（3）实验剩余或常用的小量易燃化学品，总量应不超过国家规定的限量，并应放在铁柜中，由专人保管。

（4）禁止使用没有绝缘隔热底座的电热仪器。

（5）在日光照射的房间必须备有窗帘，而且，在光照射到的地方，不应放置怕光的或遇热能分解燃烧的物品，也不能存放遇热易蒸发的物品。

（6）进行性质不明或未知物料的实验，尽量先从最小量开始，同时要注意安全，做好灭火准备。

（7）在实验进程中，利用可燃气体做燃料时，其设备的安装和使用都应符合有关规定。

（8）任何化学物品一经加进容器后，必须立即贴上标签；若发现异常或疑问，应询问有关人员或进行验证，不得乱丢乱放。

（9）在实验台上，不应放置与操作无关的其他化学物品，尤其不能放置盛有浓酸或易燃、易爆的物品。

（10）往容器中灌装较大数量的易燃、可燃液体时（醇等除外），要有防静电措施。

（11）各种气体钢瓶要远离火源，并置于阴凉和空气流通的地方。

（12）要建立健全蒸馏、回流、萃取、电解等各种化学实验的安全操作规程和化学品保管使用规则，并教育学生严格遵守。

（13）设置必要的灭火器材及沙桶。

4.14　危险化学品安全管理

化学、化工、环境、材料及生命科学等院系都有大量的化学类科研实验室。虽然其学科特点不同，但都使用种类繁多、规格各异的化学试剂进行科学实验，而这些试剂大多具有易燃性、易爆性、毒性和腐蚀性，有些试剂甚至具有剧毒特性，属于国家控制使用的剧毒化学品，因此将这些试剂统称为危险化学品。

在高校校园安全文化建设中，实验室安全越来越成为关注的重点，而危险化学品关系到人员、设备物资、建筑等的安全，无疑成为安全管理工作中的重中之重。按照我国目前的法规《危险化学品安全管理条例》标准，危险化学品是指具有毒害、腐蚀、爆炸、燃烧、助燃等性质，对人体、设施、环境具有危害的剧毒化学品和其他化学品。对于放射性物品则另有专项法规和条例进行规范管理。

4.14.1　危险化学品供应

实验室作为危险化学品的最终使用者，必须加强前期调研，进行实验需求分析，在采购新的化学品前，应先评估其危险性，对于危险化学品，尤其是尽量少用剧毒、麻药品或用污染小且无毒无害的替代品进行相关实验；对于实验用量必须严格控制好"用多少领多少"以减少对人员或环境的安全隐患，同时要明确并提供相关危险化学品的品质、危险性分析以及应急处理预案材料等。危险化学品作为特殊物资，从购买申请开始就必须进行严格审核，设备与实验室管理处通过与学校安全保卫部门联合办公，认真把关危险化学品的审批流程，严格审核。

4.14.2　危险化学品存储

为满足科研需要，化学实验室使用的危险化学品的种类和数量逐年增加。这些危险化学品在规格和包装上，固体类药品大部分采用 500g 包装，也有部分药品采用 250g、10g 及 1g 的小剂量包装，而试剂类则有 100mL 及 10mL 等规格包装。按照其种类特点主要分为有机化学品和无机化学品两大类。大部分有机化学品具有易燃性、易爆性和毒性，而无机化学品大多具有腐蚀性，有些药品的腐蚀性极强，所以对不同类型的试剂需采用不同的存放方法。

目前，化学类实验室对危险化学品的保存一般采用三种方式。

（1）室内常温存放。

大部分普通危险化学品可以常温存放在实验室或仓库内，保持空气流通或定期排风以满足储存要求，而对危险化学品则需分类存放在实验室的药品柜内，一般而言，将挥发性小的危险化学品存放于普通药品柜中，而将带有挥发性的危险化学品存放在顶部带有通风装置的药品柜内。所有化学品必须有清楚的标签，并须备有详尽的记录，显示化学品的存量及存放位置，并不时更新记录。

对于在化学实验中用途广泛，用量较大，且化学性质稳定的丙酮、无水乙醇等常用普通有机化学试剂，大部分实验室会一次性购买多箱放置在实验室内，便于取用。为节省费用，有时也会选择购买大剂量包装的试剂。

（2）冰箱存放。

有些危险化学品需要低温保存，有些危险化学品或试剂即使在低温环境下也具有挥发性，当浓度积聚到一定程度后，遇到普通冰箱里的灯光打火现象也会引发爆炸，所以化学实验室内使用的冰箱一般为防爆型冰箱。

（3）室外露天存放。

对于使用量较大但又不易购买的特殊化学试剂，为保证使用，有时会选择购买 300kg 的铁桶包装，露天放置在阴凉干燥处，采用苫布遮盖防雨，随用随取。

4.14.3　管理措施

（1）建立实验室危险化学品信息档案。

档案应反映危险化学品管理的全面信息，包括上级管理文件、本单位管理制度、物品供应渠道、手续、存储条件分析、实验室申购、领用、处理、监督检查、危险化学品库房的存储品种、数量、性质、存放设施、防护措施、急救方法以及应急处理预案等。

（2）规范领用制度。

通过购买方、使用方、监督方同时在场方可完成危险化学品的领用程序；实验室领用危险化学品后，必须严格实施实验室内领用登记制度，做好备案。在运输、保管、使用过程中实行双人双锁制度。

（3）做好储存管理工作。

储存危险化学品要尽量使用顶部带有通风装置的药品柜，如果将危险化学品放置在通风橱内，要定期开启通风橱进行排风，保证室内空气质量。储存具有强腐蚀性的危险化学品时，在注意包装安全的前提下，将其放置在通风条件完好的药品柜内，防止瓶盖不严、挥发性试剂腐蚀药品柜、污染室内空气等情况发生。

（4）建立系级交流平台。

目前高校的科研实验室管理大都采取教授负责制，各实验室相对独立。尽管如此，但很多实验所使用的药品都有一定的相关性。因此，建立学院内危险化学品调剂信息平台，可帮助解决各实验室间彼此不掌握所储存的或可进行调剂的危险化学品信息问题，各实验室之间，可共享危险化学品资源，这样可以减少实验室内的危险化学品的储存数量，节省空间，做到物尽其用，减少浪费，减少处理过期危险化学品的环境污染和成本。

（5）完善监管制度。

制订严格的管理制度，科学规范的安全管理制度是实验室正常、高效运转的有力保障。制定实验室危险品存放和使用管理规定；放射物与危险化学品事故预警监控和应急处置预案等。明确工作流程、层层落实责任、监督步步到位。

（6）危险警告标志。

安全标记包括警告标志和危险警告标记（图 4-2），可令实验室使用者及邻近的人士提高警觉。

图 4-2　常见的危险警告标记

盛有危险化学品的容器，如试剂瓶等，均须附有适当的危险警告标记，用以显示有关化学品的危险性质，提醒实验者注意安全。

若某化学品含多种危险性质，则可贴上多个警告标记。

第5章 教学实验室仪器设备的管理

高校的发展和教学水平，不仅取决于高校所具备的师资力量和教学理念，还取决于高校实验室设备的建设和管理水平。近年来，高校办学规模扩大，对仪器设备的需求不断增加，高校实验室仪器设备的品种和数量也在逐年增长，仪器设备的档次也有了很大的提升。高校实验室仪器设备的管理，是一项具体、细致而又复杂的系统工程，是管理工作的一个重要组成部分，是保证教学、科研工作顺利进行的主要物资条件，只有实验室的各种仪器设备处于良好的技术状态，才能提供可靠、准确、真实的实验数据，这对于教学、科研的正常进行，建立正常的教学秩序，也是一个重要的保证。如何让仪器设备在实验教学工作中充分发挥作用，提高效益，抓好仪器设备的管理是关键。为了加强仪器设备的管理及提高其利用率和完好率，减少设备闲置、防止损坏丢失，更好地为教学、科研服务，根据教育部《高等学校仪器设备管理办法》的有关规定，结合实际情况，制定可操作性强的《实验室仪器设备管理办法》、《仪器设备丢失、损坏赔偿制度》、《大中型仪器使用管理办法》、《重点实验室仪器设备使用管理办法》、《天平室管理规则》、《仪器设备采购流程》、《仪器设备维修流程》等。实验中心从仪器设备使用的培训、仪器使用的预约、仪器操作规程、仪器使用记录登记、仪器调动登记、仪器借用审批等多方面加强仪器设备的日常管理，使仪器设备管理更加制度化、规范化、科学化。

5.1 仪器设备使用前的管理工作

1. 建立健全仪器设备管理账目

管理账目是仪器设备管理和清查核对的依据，也是对在用仪器设备做各种统计的原始资料。实验室管理部门设总账，各实验室设分账，管理者要切实负起责任，要做到仪器设备的账物相符、账账相符。总账和分账要定期核对、修正。全部仪器设备统一编号，实行条码管理。

2. 编制仪器设备操作保养规程

各实验室仪器负责人制定所管理仪器设备的标准操作规程和使用注意事项等，经塑封后放置于仪器设备旁，管理人员定期对仪器设备进行保养维护。

3. 进行技术培训

学生使用仪器设备前，仪器负责人必须对学生进行严格的操作技术培训，培训合格者，方可直接操作使用仪器设备。在使用仪器设备过程中，如仪器损坏，必须及时上报，查清原因，做好事故记录。损坏仪器设备不报者，一经查出，将按《仪器设备丢失、损坏赔偿制度》加倍处罚。

4. 安装仪器设备

安装后要对仪器设备的精度、性能、安全装置等进行全面检查，经检查通过后方能使用。

5. 建立技术档案

大型精密仪器设备、贵重仪器设备应当建立设备配件和技术文件档案（包括技术资料、验收记录、维修记录等），保存一套完整资料。

6. 仪器分布

除公用设备和大型仪器设备放置于仪器室外，其余仪器设备应根据实验教学需要放置于各实验室。

7. 仪器设备管理

（1）学院的各大型仪器设备均指派专人负责管理，各实验室的仪器设备由实验室管理人员负责管理。

（2）各实验室对每台仪器建立信息簿（包括仪器基本信息及仪器借用、调动情况记录），每台仪器要有使用记录本，随时记录使用情况。

（3）仪器、器材损坏或丢失应按实验中心《仪器设备丢失、损坏赔偿制度》执行。

（4）仪器设备统一编号，严格管理。

5.2 实验室仪器设备的合理使用

（1）实验室管理部门要根据实验室的任务合理地配备各种类型的仪器设备，使各种仪器设备都能各尽其能，充分发挥作用。

（2）建立实验室仪器设备资源共享平台。仪器设备一律面向实验教学，并实行对外开放。实验中心可根据实验教学的需要，统一调动仪器设备，资源共享。各实验室管理人员不得以任何理由拒绝实验教学使用仪器设备。

（3）"多用"仪器设备原则。"多用"原则是要求提高仪器设备的使用机时。仪器设备只有多用才能更多地体现出它的价值。对仪器设备提倡"不怕用坏、只怕放坏"的管理理念，千方百计地提高仪器设备的使用率，让仪器设备更好地为教学、科研服务。仪器设备的使用机时是对仪器设备进行绩效考核的重要指标，因此要求仪器设备管理人员认真做好使用记录，详细登记使用人员姓名、使用机时、实验内容及科研项目名称等相关信息。

（4）要为仪器设备提供良好的工作环境，要根据仪器设备使用维护的要求安装必要的防潮、防尘、防振、保温、降温装置。

（5）学生使用大型仪器前，仪器负责人必须对学生进行操作技术培训，经考核合格者，发给"仪器使用证"，取得"仪器使用证"者，才可操作使用专项仪器。

（6）对于教学实验室，各实验室管理人员要负责督促、检查学生使用仪器设备的使用记录。若发现没有按时填写记录者，应给以通报。

（7）每学期末，各实验室要做好仪器、器材的清查和归位工作。

5.3　实验室仪器设备管理办法

实验室仪器设备管理办法

为加强实验室仪器设备的管理，维护好仪器设备并提高其使用效率，根据《高等学校仪器设备管理办法》的规定，并结合实际，特制定本办法。

第一条　仪器设备到货后，应及时清点检查和安装调试，进行技术验收。

第二条　各实验室应加强对仪器设备使用人员的基本操作培训，使其熟悉有关仪器设备的性能、特点，掌握基本操作方法。

第三条　使用仪器设备时，必须严格遵守各种仪器设备的操作规程，如发现问题，应立即报告实验室负责人或管理人员。

第四条　凡属违反操作规程而损坏仪器设备者，按照处罚办法予以处罚。

第五条　仪器设备使用时必须按规定逐项认真填写使用登记表。

第六条　仪器设备使用完毕后，须立即取出样品，并将弄脏的实验区域清理干净，做好机内外的卫生，保持仪器、桌面及实验室地板的清洁，以避免损坏仪器或影响他人使用。

第七条　大型、精密仪器设备的维修养护工作由相关管理人员负责，未经许可不得随意拆装仪器设备，否则后果自负。

第八条　所有仪器设备的随机附件和替换零件由专人统一管理。

第九条　仪器配套的计算机上禁止装其他无关的软件。

第十条　实验室各类人员不得随便带外来人员到实验室，更不得用实验室仪器设备擅自为室外人员做实验，如若发现，实验室有权处罚当事者。

第十一条　仪器设备不得擅自搬动，如情况特殊确需搬动，必须经管理人员同意并办理登记手续后，才可搬动，使用完毕后，立即放回原处。

5.4　仪器设备丢失、损坏的赔偿制度

仪器设备丢失、损坏的赔偿制度

为保护国家财产，加强实验仪器设备管理，特制定本制度。

第一条　实验过程中，凡丢失或损坏仪器设备者，应立即报告仪器设备管理人员，并填写报告交实验室管理中心。丢失仪器设备，照原价赔偿。

第二条　故意损坏或因嬉戏打闹造成仪器设备损坏者，原价赔偿。

第三条　粗心大意、不按仪器设备操作程序和使用规则操作使用，造成仪器设备损坏者，按原价的 50%～100%赔偿。如经修复又不影响原性能的，赔偿修理费的 70%～100%。

第四条　实验过程中，由于估计不足，由非人为因素所造成的损失，一般赔偿原价的 20%～50%。

第五条　将公物窃为己有，除追回公物外，责令公开检查，情节严重的交学校另行处理。

第六条　损坏或丢失公用器材，又无人承担或分不清责任时，由相关人员共同赔偿。

第七条　实验过程中，由于不可避免的原因，如年限已久、损坏锈蚀等，造成仪器设备损坏，可将损坏物交管理人员，经主管人员认定后，可免于赔偿。

第八条　严禁私自拆卸实验仪器设备，否则造成损坏者照原价赔偿。

5.5　大中型仪器使用管理办法

大型的贵重仪器设备最能体现一个高校实验室的建设水平和科研水平。实验室仪器设备资源共享平台的建立是提高实验室仪器设备使用水平和效率的有效手段，可对大型贵重仪器设备建立资源共享体系，在保证完成实验教学任务的前提下，校内和校外人员都可以进行资源共享，通过共享平台实现查询、预约等功能。校内共享范围包括校内教职工、研究生、本科生；校外共享范围包括其他高校、科研院所及企事业单位。经过市场调研和专家论证后，在网上公布校内、校外共享实验室仪器设备的收费标准，并成立专门的实验室仪器设备管理小组，对共享

的实验室仪器设备进行统一的管理。共享的仪器设备不仅能够保障高校教学、科研工作，同时还能提高实验室仪器设备的使用率，减少资源的浪费。以下为大中型仪器使用管理办法。

大中型仪器使用管理办法

第一条　大中型仪器设备是高等学校进行科研、教学的重要物资基础。为确保大中型设备的正常运行，充分发挥贵重仪器设备的作用，提高投资效益，更好地为教学和科研工作提供服务，根据教育部印发的《高等学校仪器设备管理办法》（教高〔2000〕9号）的通知精神，结合实际，特制定大中型仪器设备管理办法。

第二条　根据有关规定选派业务能力较强的教师或实验技术人员负责管理和指导大中型仪器设备使用，实行持证上机制。大中型仪器设备的使用人员必须严格执行上机前的培训、考核制度，经考核合格取得"仪器操作证"者，方可上机操作。未经专门培训，不能上机操作，管理人员应保持相对稳定。

第三条　大中型仪器设备管理有如下要求。

（1）管理责任人员对所属的仪器设备必须建立完整的技术档案（包括可行性论证报告、申购审批件、合同、装箱单、使用说明书、验收记录、备忘录、验收报告单等），使之成为仪器设备管理和使用的技术依据；

（2）建立固定资产账、卡，做到账、物、卡相符；

（3）原始中英文本资料齐全；

（4）有正规的使用记录，切实做好运行记录和维修记录；

（5）制定操作规程、维护规程和安全制度；

（6）制定对外开放的办法，不得拒绝开放范围内的人员合理使用设备；

（7）制定仪器使用人员的培训计划和考试大纲，积极培训人员；

（8）管好附件、备件以及专用工具等；

（9）做到仪器设备无灰尘、油污、黄锈、霉斑，保持实验室整洁；

（10）建立测试精度的管理制度，定期检验仪器的技术性能和技术指标，保持仪器的良好技术状态；

（11）贵重仪器设备发生故障不能排除时，要如实报告有关领导，查明原因，及时联系安排维修。

第四条　违章操作仪器造成仪器损坏的，按照有关规定赔偿经济损失。

第五条　进行仪器实验时，必须严格按照安全条例及仪器操作规程的要求进行，实验过程中注意节约水、电、试剂，确保仪器的正常及实验人员的安全。

第六条　大型仪器实验室不接受外来的软件、光盘。严禁在大型仪器相关的计算机上进行与实验无关的一切操作。

第七条　实验结束时，管理人员必须认真检查水、电、气、门窗情况，确认一切正常时方可离开。

5.6　重点实验室仪器设备使用管理办法

重点实验室仪器设备使用管理办法

为保证实验室各项工作的正常进行，加强实验室仪器设备的管理，提高仪器设备的使用效率，特制定本办法。

第一条　进入实验室开展实验必经经过该实验室管理人员许可。

第二条　实验者有责任和义务在工作后将其弄脏的实验区域清理干净，以保证仪器、桌面及实验室地板的清洁。如不清扫者，管理人员有权指出并做出处理。

第三条　本实验室工作的各类人员不得随便带外来人员到实验室，更不得用本实验室仪器擅自为室外人员做实验，如若发现，实验室有权处罚当事者。

第四条　使用仪器设备必须严格遵守各种仪器的操作规程和登记制度，如发现问题，应立即报告值班管理人员。凡对仪器、设备不熟悉者，务必请教仪器管理员。凡属违反操作规程而损坏仪器者，按照处罚条例执行。

第五条　仪器设备使用时必须按规定逐项认真填写使用登记表，正在运行的仪器，不得提前填写使用时间。未按规定填写登记表而使用仪器的，视为无主开机，值班管理人员有权做出处理。

第六条　对使用频率较高的仪器设备实行提前预约使用制度，使用者应严格按照预约时间进行实验。过时未用者视为自动放弃。

第七条　仪器设备使用完毕后须立即取出样品，做好机内外的卫生，以避免损坏仪器或影响他人使用。

第八条　所有大型精密仪器设备实行专人管理，使用者必须先填写"重点实验室大型仪器设备使用申请表"，经同意后方可使用。在使用过程中，未经管理人员授权，使用者不得动手操作。其原始随机资料编入档案，实行统一管理。

第九条　大型、精密仪器设备的维修养护工作由指定的管理人员负责，未经许可不得随意拆装，否则后果自负。

第十条　所有仪器设备的随机附件和替换零件由指定专人统一管理。

第十一条　大型精密仪器用计算机上禁止装其他无关的软件。

第十二条　仪器设备不得擅自搬动，如情况特殊确需搬动者，必须经管理人员同意并办理登记手续后，才可搬动，使用完毕后，立即放回原处，并经管理人员检查。

5.7　天平室管理规则

天平室管理规则

第一条　掌握天平使用规程者和有教师指导的人员才能进入天平室称量。进入天平室后须保持天平室的整洁、安静。凡与称量无关的物件一律不准带进天平室。

第二条　严格按照天平使用规程进行称量。取放物品、加减砝码或离开称量座位时，一定要关闭天平。

第三条　旋转升降手柄时要轻要缓，拨转指数盘时要一挡一挡地轻缓旋转，以免圈码跳落或互撞。

第四条　冷、热、强吸湿性和带腐蚀性样品或试剂不准直接放在天平盘上称量。绝不准使天平超载。

第五条　注意保持天平箱内清洁干燥，称量完毕须用小毛刷清扫干净称量盘及天平箱内，砝码要归位，指数盘须回复零位。

第六条　关好天平门，登记好天平使用情况记录，放好砝码盒和镊子，切断电源，罩好布罩，方能离开天平室。

5.8　工程中心化学试剂安全管理制度

工程中心化学试剂安全管理制度

为了加强化学试剂仓库安全管理，保障国家财产和人民生命财产的安全，根据国务院《危险化学品安全管理条例》、公安部《仓库防火安全管理规则》等有关规定，结合工作实际，特制定本制度。

第一条　认真贯彻执行"以防为主，以消为辅"的消防工作方针，严格执行防火安全责任制度、安全检查制度和岗位责任制度。

第二条　严格执行仓库出、入制度，非保管人员未经许可，不得入库。

第三条　熟悉和掌握储存物资的性能，尤其是易燃、易爆物品，必须懂得其性质、危险程度及保管和灭火方法。

第四条　库房物品要根据不同性质分类存放，性质相抵触或灭火方法不同的物品，要分库分类存放，化学危险品与非危险品要分开存放，贵重物品与一般物品要分开存放。

第五条　保管物品应根据不同性质，采取通风、降温、防潮、防霉、防冻等一系列措施，尤其是易燃危险品，高温季节应特别注意。

第六条　仓库应配备适当种类和数量的消防器材，放在明显处和便于取用的地点，有专人管理，学习消防知识，经常检查消防器材的完好情况，懂得各类灭火器材的性能和使用方法。

第七条　定期检查本实验室药品柜的安全和其中药品的数量，保证本室实验药品的供应，尽量避免积压，对于包装陈旧、过期失效的药品，必须及时清理；如有本室不再使用或很少使用的药品，要及时转出，以便物尽其用，避免浪费；发现物品的包装容器破损、残缺以及变质、分解等情况，应及时报告并进行安全处理。

第八条　采购药品和药品进库，要做好登记，并根据验收单检查外观、质量、品质等后及时验收。验收中发现数量短缺、质量有问题或凭证不符等情况必须立即与有关经办人联系处理，药品验收完毕后要及时上架，按科学管理要求摆放，不能随意摆放。

第九条　加强安全防范意识，仓库门窗应保持坚固完好，严防盗窃事件的发生，上班后要开窗通风，下班前要关好门窗、切断电源和锁好门。

第十条　库内要经常保持清洁整齐，及时清除库内外的可燃杂物，库房内严禁吸烟和使用明火，外人不得进入库房，发现安全隐患，应立即报告。

第十一条　定期检查本制度的执行情况。

5.9　仪器设备的采购、验收

实验室管理人员根据实验教学需求提出申请，填写仪器设备采购申请表（表 5-1），实验中心主任和学院领导审核后，确定仪器设备型号、配置等，上报学校主管部门进行招标、采购。到货的仪器设备由实验中心组织相关人员进行验收和使用培训，并及时建立仪器、设备配件及技术资料档案。

表 5-1　仪器设备采购申请表

单位名称		经费项目	
设备名称			
数量		金额	
详细技术要求			
参考厂商	厂商名称	联系人	电话
	1.		
	2.		
	3.		

单位负责人：　　　　　　　　　　　　　　　年　　月　　日

5.10　仪器设备采购流程

为了建立规范的仪器设备采购运行机制，根据教育部《高等学校仪器设备管理办法》的有关规定，制定仪器设备采购流程（图 5-1）。

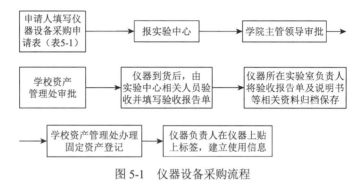

图 5-1　仪器设备采购流程

5.11　实验室仪器设备的维护和维修

（1）对于需要特殊保养的仪器设备，要按要求及时进行保养。例如，灭菌设备、制冷设备等需除水、除霜；制水设备、提取设备需要定期清洗；膜过滤设备、高压液相柱要求冲洗等。

（2）仪器设备损坏时，管理人员应立即报告实验中心，填写仪器设备维修报批表（表 5-2），并积极联系维修人员进行修理，对于在保修期内的仪器设备不许擅自拆封修理。对技术要求高、专业性强的仪器设备要请专业人员进行修理。

（3）修理完毕后，及时填写仪器设备维修记录表（表 5-3）。

表 5-2　仪器设备维修报批表

使用单位：

项目	仪器设备编号	仪器设备名称	规格型号	单价（元）	购置日期	数量	使用方向
维修原因	经手人（签章）：				年　　月　　日		
拟报修项目	检验人（签章）：				年　　月　　日		
维修部门：	预算经费（元）：			联系电话：			
处理意见	使用单位	负责人（签章）：			年　　月　　日		
	设备主管部门	负责人（签章）：			年　　月　　日		
验收情况	负责人（签章）：			年　　月　　日			

表 5-3　仪器设备维修记录表

日期	仪器编号及名称	规格型号	检修部件	检修单位及经手人	仪器使用人

5.12　仪器设备维修流程

为了加强实验室仪器设备的维修管理，保证实验用仪器设备经常处于完好状态，提高其使用率，特制定仪器设备维修流程（图 5-2）。

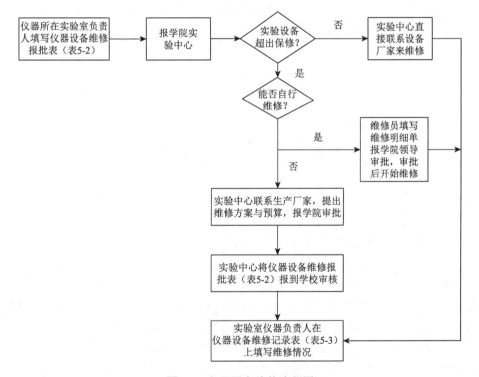

图 5-2　仪器设备维修流程图

5.13　仪器设备日常管理

5.13.1　仪器设备使用预约程序

为了提高仪器设备的使用率，合理安排仪器设备使用时间，需要使用仪器设备人员先填写仪器设备使用预约申请单（表5-4）。根据预约时间前往使用。具体预约程序如图5-3所示。

表5-4　仪器设备使用预约申请单

实验项目	仪器名称	规格型号	用途	指导教师（签章）	仪器负责人（签章）	使用时间

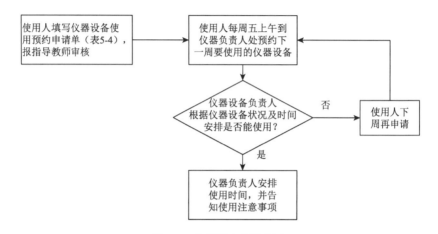

图5-3　仪器设备预约程序

5.13.2　贵重精密仪器设备的使用管理

要建立和健全仪器设备使用的责任制度。每台贵重仪器设备必须做到有专人保管，有技术档案，有使用登记和仪器性能状态的记录。操作人员要严格遵守操作规程，爱护仪器设备。测试完成后，要做好仪器的保洁工作。

学生使用贵重仪器设备，需经主管教师审核其使用该仪器的必要性及合理性（开放设计实验、研究生实验需经指导教师批准）。对于不填写仪器设备使用预约申请表（表5-4），擅自使用仪器设备者，将禁止其继续实验。

5.13.3　仪器设备使用记录

每台仪器设备必须配备仪器设备使用记录本（表5-5），封皮须注明仪器名称、规格型号、设备编号、负责人姓名等，里面必须有使用日期、目的、运转情况、使用人员签名等。使用完毕后，实验人员必须如实填写仪器设备使用记录本，对于使用中出现的问题和疑点，应着重列出。

表 5-5 仪器设备使用记录本

仪器设备使用记录本

仪器名称：
规格型号：
设备编号：
生产厂家：
房间号：
负责人：

（a）封面

日期	使用人姓名	班级	仪器台面是否污染		仪器状态		指导教师签字	实验员验收签字
			用前	用后	用前	用后		

（b）内文

5.13.4 贵重仪器设备使用记录

贵重仪器设备使用要结合仪器设备的特点，制作单独的使用记录。以紫外可见分光光度计为例具体见表 5-6。

表 5-6 紫外可见分光光度计使用记录

操作人员			班级				
开机时间				关机时间			
人员属性	教师	研究生	本科生	实验类型		教学	科研
样品名称					数量		
检测项目							
课题名称							
测试条件							
仪器运转及维护情况							

5.14　仪器操作规程

　　仪器设备除了必要的维修保养时间以外大量的时间是处在使用过程中，也只有在使用过程中才能发挥其效能。因此在使用时要严格遵守操作规程，每台仪器旁均应放有仪器的使用说明书，以便使用人员操作使用。对于学生实验，指导教师在使用仪器前会认真讲解使用操作步骤及注意事项，实验过程中巡查指导。例如，AF/JA 系列电子天平操作使用说明及注意事项如下。

AF/JA 系列电子天平操作使用说明及注意事项

　　一、称量前准备

　　1. 使用前用天平底座的螺旋调整旋钮先调整天平的水平度，使水泡位于水平仪中心。

　　2. 选择合适的电源电压，连接好电源电缆。

　　3. 天平接上电源，就开始通电工作（显示器未工作），通常需预热 30min 后方可开启显示器进行使用操作。

　　4. 准备好称量器具。

　　5. 查看本天平最大称量量程。

　　二、称量操作

　　1. 轻按 ON 键，开启天平，显示器全亮，依次显示：±888888%g→天平型号 1003→0.000g 或 0000g，数字稳定后即可称量。

　　2. 置容器于秤盘上，数字稳定后，即显示的是容器的质量。

　　3. 轻按 TAR，显示消隐，随即出现全零状态。容器质量显示值已去除，即去皮重。

　　4. 再置被称物于容器中，数字稳定后，这时显示的是被称量物的净重。

　　5. 当拿去容器，就出现容器质量的负值，再轻按 TAR 键，显示器为全零，即天平清零。

　　6. 称量完毕后，轻按 OFF 键，即关闭天平。

　　7. CAL 键为天平的校正键。当天平存放时间较长，位置移动，环境变化或为获得精确测量，天平在使用前需校正。方法为：取下秤盘上所有被称物，轻按 CAL 键，当显示器出现 CAL—时，即松手，显示器就出现 CAL-100 为闪烁码，表示校正砝码需要 100g 的标准砝码。此时，把"100g"校正砝码放于秤盘上，显示器即出现"—"等待状态，经稍长时间后显示器出现 100.000g。拿去校正砝码，显示器应出现 0.000g，若出现的不是零，则需再清零，重复上述操作（每次校正最好两次）。

　　8. PRT 为输出设定键

　　按住 PRT 会有四种循环模式，松手即可选定相应模式：PRT-0 为非定时按键输出模式，PRT-1 为定时 0.5min 输出一次，PRT-2 为定时 1min 输出一次，PRT-3 为定时 2min 输出一次。

　　三、注意事项

　　1. 称量前应做好各项准备工作。

　　2. 每次称量后要注意，天平清零不用时应及时关闭。

　　3. 不要用腐蚀性液体清洗天平。擦洗天平时，要关闭天平总电源，且应注意不要让清洗液流进天平内，一般可用软布或牙膏轻轻擦洗。

5.15　仪器借用管理规定

因实验需要借用仪器时，借用人需填写仪器设备借用申请表（表 5-7），经实验中心批准后，再到仪器负责人处借用仪器及仪器使用记录本，借用仪器必须在规定时间内归还，并认真填写使用记录，同时仪器管理人员填写仪器设备借用登记信息（表 5-8）。

表 5-7　仪器设备借用申请表

实验项目	仪器名称	规格型号	用途	借用人（签章）	归还时间

设备负责人：　　　　　审批人：　　　　　　　　　　　年　　月　　日

表 5-8　仪器设备借用登记表

日期	借用人	仪器名称	仪器编号	借用天数	经手人	审批人	归还日期	验收人

5.16　仪器设备调转单

实验室仪器设备如需进行调转时，应填写仪器设备调转单（表 5-9）。经实验中心主任签字批准后，方可调转使用。仪器设备调转单一式三份，仪器原负责人一份，调入仪器负责人一份，实验中心存档一份。仪器设备管理信息卡片也应随仪器一起调动（表5-10）。

表5-9　仪器设备调转单

日期	序号	仪器编号	仪器名称	型号	调出地点	调出地点负责人签字	调入地点	调入地点负责人签字

表5-10　仪器设备管理信息卡

仪器设备管理信息卡

仪器名称：　　　　　　　　　　　仪器编号：
规格型号：　　　　　　　　　　　国　　别：
制 造 商：　　　　　　　　　　　金　　额：
出厂日期：
购进日期：

（a）正面

仪器设备调动记录

调动时间	经手人	仪器负责人	仪器状态	
			调动前	调动后

（b）背面

5.17　实验室仪器设备的报废程序

对于实验室仪器设备的淘汰报废必须持实际而稳妥的态度。做好仪器设备的淘汰报废工作的关键是组织好技术鉴定，因仪器设备使用时间已久、技术落后、损坏、无零配件或维修费过高确需报废的仪器设备，由各负责人提出申请后按程序审批，由仪器设备保管单位填写仪器设备报废申请单（表 5-11），报废仪器设备由学院会同学校资产管理处统一回收、处置。学院的全部仪器、器材，个人无权私自处理，一经发现按学校的相关规定进行处理。

表 5-11　仪器设备报废申请单

序号	仪器编号	仪器名称	规格型号	单价	生产厂家	购置日期	备注
使用单位							
报废理由							

第6章　教学实验室实验材料的管理

实验室低值易耗品是高等学校化学实验室进行实验教学和科研工作必备的物质基础，是国有资产的重要组成部分，是高等学校对具有实践能力和创新能力人才培养必备的物质保障。因此，实验材料供应与管理也成为高等学校实验室管理工作的重点之一。高校化学实验室低值易耗品的特点为：数量大、种类繁多、规格型号杂、使用范围广、耗用量大、危险性大、采购周期短，对物资供应的要求是时间急、计划变化快。因此，能否按时保质保量地做好供应工作，直接关系到学校实验教学及科研工作能否顺利地进行。

随着我国高等教育事业的发展，各高校在财力非常紧张的情况下，都优先保证实验教学需要的实验材料经费。如何使实验教学的实验材料管理规范化和科学化，使其真正在人才培养中发挥最大功效，成为各高校教学实验室面临的重要问题。目前在高等学校中，随着固定资产标准起点金额的提高，其低值易耗品的范围扩大，这无形中增加了对其管理的难度。根据低值易耗品管理工作的性质和特点，建立健全实验室和物资管理工作体系，理顺采购、供应、保管、使用之间的关系。在量多、分散、琐碎的低值品管理上，完善的制度显得尤为重要，对此，本着教育师生树立节约意识，人人参与管理的原则，结合实际情况和低值易耗品管理工作的性质和特点，建立和完善各项管理制度。对实验材料采取统一采购、统一管理的办法，制定了《材料、低值品、易耗品管理办法》、《实验材料采购流程》、《实验材料和低值易耗品日常管理》、《玻璃器皿丢失、损坏赔偿规定》等一整套管理制度。规范低值品申购、领用、保管、使用、维修、报废等整个流程，在本着加强管理，方便使用的原则下，做到领用有手续、备用有限量、管理有重点。并根据统一领导，分工管理、专人负责、合理调配、节约使用的原则加强低值易耗品的管理，杜绝"只批不买，只买不用，只用不管，只管不修"等现象。把物资的计划、供应、保管、维护、使用等环节都抓起来，充分发挥物资管理的效能。在使用过程中严格遵守操作程序，人员工作变动时，则应将账目和物品移交。

6.1　材料、低值品、易耗品管理办法

作为实验中心物资组成部分之一的实验材料、低值品、易耗品，也是实验中心物资管理工作的重要内容。如何加强实验材料和低值易耗品的管理，使之真正

在实验教学中发挥其应有的作用,是各教学实验室面临的难题。为了杜绝实验材料的积压、浪费、损坏率过高、遗失等问题,同时加强引导师生树立节约意识,增强责任意识,保证教学和科研的安全和顺利进行,结合实验中心建设及管理的具体情况,对材料、低值品、易耗品制定了以下管理办法。

材料、低值品、易耗品管理办法

第一章　总　　则

第一条　为了加强材料、低值品、易耗品(以下统称物品)的科学管理及合理妥善使用,提高办学效益,保证教学、科研及行政等工作的顺利进行,根据教育部《高等学校仪器设备管理办法》(教高〔2000〕9 号)及《教育部办公厅关于进一步加强高等学校实验室危险化学品安全管理工作的通知》等有关规定,结合实际情况制定本办法。

第二条　学校根据统一领导,归口分级管理、层层负责、合理调配,加强物品的管理。

第三条　本办法所称的物品包括以下几类。

材料:指金属、燃料、试剂、建材和各种原材料。

低值品:指单价不足 200 元且使用年限在一年以上,能单独使用的用品设备,即低值仪器仪表与教具、低值工具量具、低值文体用品。

易耗品:指玻璃器皿、各种元件器件与零配件、实验小动物、劳动保护用品。物品的供应管理工作,应根据物品的不同性能、价格,区别对待,对贵重品、危险品、民用"低值品"应严格管理。

第四条　提倡勤俭节约、爱护公共财物,杜绝公物私有化;重视物资管理队伍建设,根据实际工作情况,制定人员培训、考核和晋升办法。

第二章　物品的计划与购置

第五条　物品的购置计划分年度采购计划和临时采购计划。各实验技术人员根据教学实际并结合当年经费的安排和目前库存情况编制物品的购置计划,填写《云南民族大学材料请购单》。

第六条　物品的购置工作,原则上由物资主管部门统一集中办理,做到采购、入库、使用三者相互独立,相互监督。属化学药品、危险品、玻璃仪器、民用品类物品及其他数额在 5000 元(含)以上的批量物品不可自购。数额在 5000 元以下或紧急需要的物品,由主管领导审批后方可自购。

第七条　物品的入库必须由物资管理员认真验收,对贵重、易变质或有特定技术要求的物品,使用单位应指派有经验的人员协助物资保管员进行验收。必须在数量、质量验收合格的基础上凭发票填写入库单，严禁见票就填写入库单的行为。

第三章　物品的管理与领取

第八条　库存物品的管理应该科学化、规范化，以便于收发和检查为原则。加强库房安全管理，切实做好"四防"即防火、防盗、防毒、防爆。

第九条　物品领用（发货）要采取先进先出法。物品收、发、存的记录必须精确，应定期进行检查、核对。

第十条　库存材料发生破损、变质时，物资管理人员应及时填写《材料、低值品、易耗品报废、报损、报失单》，经实验室负责人审批，同意后出账。

第十一条　各实验室须指派专人负责物资管理工作。

（一）实验室所需材料应提前二周报实验中心审批、备案；

（二）领取材料：凭《低值易耗品领用单》经实验中心主任签字同意后方可领取。

第四章　账　务　处　理

第十二条　物品的购入、调进，应按实际购置或调拨的价格进行核算。

第十三条　物品账、卡的设置：各实验室都应设置有品名、规格、数量、单价的物品明细账和库存材料管理卡片。根据有关凭证对库存各类物品及时进行增减记录。

第十四条　各库房应经常对有变动的物品进行清点，每年年终必须进行一次盘点并编制材料、低值品、易耗品仓库盘点表，"盘盈盘亏"应写明原因后送实验室领导审批；学院仓库做到账物相符、账账相符。

第十五条　实验人员如有变动，应认真办理移交手续，移交时按账物逐件交接，遇表、账、物不符时，要查明原因，按有关规定及时处理。

6.2　材料、低值品、易耗品的采购、管理及使用

6.2.1　采购方法

用于实验教学的实验材料、低值品、易耗品，在每学期末，由各实验室根据实验教学计划，按实验项目中的每种材料的用量、实验组数及学生人数，提出下一学期所需材料的名称、数量、规格、用途，实验管理教师在核对本实验室库存数量（表6-1）后，将需要补充的物品填写入《实验材料、低值品、易耗品购买申请单》（表6-2）后，报学院实验中心统一采购。常规实验材料和低值、易耗品，一般在每学期开学进行实验前购入，一些危险品的购入原则是按需采购，用多少购买多少。

表 6-1　实验材料、低值品、易耗品库存清点表

日期						
序号	名称	规格	期末库存量	购进量	消耗量	备注

表 6-2　实验材料、低值品、易耗品购买申请单

课程名称：　　　　　　　　　　　实验类型：　　　　　　　　　　　学年学期：

年级：　　　　　　　　　　　专业：　　　　　　　　　　　实验地点：

序号	材料名称	规格型号	单位	数量	用途	备注

申请人签字：　　　　　　系主任签字：　　　　　　实验中心主任签字：　　　　　　日期：

6.2.2　采购要求

（1）填写《实验材料、低值品、易耗品购买申请单》实际上就是要明确对采购的要求，认真填写是正确采购的前提，因此对采购时的技术要求要描述详细、准确，应包括采购对象、物品型号、等级、规格、精确的标识及应满足的相应检测标准和检验规范等内容。

采购申请提错或要求不全，会造成需重新购置的后果，既损失资金又影响实验正常进行，因此，明确采购要求是十分重要的。

（2）"验收"对于使用实验材料来说也是一个重要的环节，实验材料只能通过进货验收这一环节来把关，因此，这项工作要认真落实到位。

（3）根据实验的需要，实验用材料需要不间断地补充，这就要求有一个可靠的供应商。供应商应具备长期稳定的提供合格产品的能力，使实验室的采购物品符合规定的采购要求。

6.2.3　管理

1. 库房管理

（1）实验材料、低值品、易耗品入库由实验中心专人统一管理。

（2）实验材料、低值品、易耗品购入后，由库管人员对供应商验收、签字、入库、建账，并录入计算机管理数据库。

（3）库管人员定期向实验中心提交实验材料购入、消耗、库存及存放位置报表。

（4）贵重、剧毒及放射性物品的使用和管理必须采用双人双锁制，建立明细账，做到领用、消耗逐项记录。剧毒试剂的使用过程更应严格控制和监督，对其领、用、剩、废、耗的数量必须详细记录，空容器必须专门处理，原则上要有两位管理教师现场监督使用和处理。

2. 各实验室管理

（1）对实验材料和低值易耗品，各实验室均应建账和建立计算机管理数据库，随时录入各种购入、消耗、库存及其他实验室调用的相关信息。

（2）各实验室学期末，要及时清查核对上报各种实验材料、低值品、易耗品购入和消耗、二级库存报表，统计每门实验课的成本。

（3）实验室搬迁，或低值品、易耗品、材料调用，要及时清对账目，并做好移交手续。

（4）各级管理教师调动、调出或离退休，要主动及时地办理和交清个人保管的设备、材料及相应的管理账目，由实验中心审核后，方可办理离岗手续。

6.2.4 使用

（1）实验材料、低值品、易耗品的使用实行领用签字制度，实验室管理教师对库管人员、学生对实验教师等逐级签字。

（2）到货后库管人员及时入库，并填写《实验材料、低值品、易耗品入库单》（表 6-3）和录入信息管理系统，及时通知实验室管理教师领取签字，并将出库信息录入管理系统。

（3）实验室管理教师将领用的物品及时录入该实验室的二级管理系统。

表 6-3 实验材料、低值品、易耗品入库单

课程名称：

实验类型：

序号	入库材料名称	规格型号	单位	数量	单价	总价	供应商	入库日期	备注

收货人员签字：　　　　　　库管人员签字：　　　　　　实验中心主任签字：

（4）剧毒和放射性物品的领用应由实验中心主任再次确认审批，指派两名管理教师和领用人员签字，限量使用。

（5）对于多次使用的材料要由实验室管理教师负责管理，随用随取，不得一次性交给学生。

（6）各实验室所领取或申购的实验材料、低值品、易耗品只限于实验教学，不得移为他用，要随时记录消耗和库存。

（7）对于在实验室进行设计创新实验和基础实验的学生，结束实验离开实验室前，相应实验室管理教师要及时收回各种物品，并签字确认，报实验中心批准后方可离开实验室。

6.3　实验材料、低值品、易耗品采购流程

实验材料、低值品、易耗品采购流程见图 6-1。

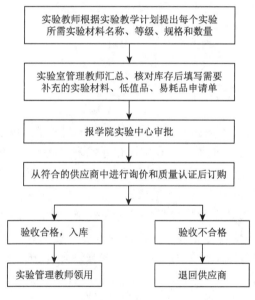

图 6-1　采购流程

6.4　实验材料、低值品、易耗品日常管理

实验材料、低值品、易耗品日常管理是指从领用到消耗全过程中的存放、使用、调动、库存、环保、安全等方面的管理。

6.4.1　建立分类账

各实验室要建立一个实验室耐用品和易耗品的分类账,内容包括日期、品名、规格型号、数量、价格、存放地点、领用人、编号等,为主管部门和实验中心提供准确的参考依据。

在上实验课时,把学生分组,教师将实验中陆续用到的耗材全部发给各实验小组,并配备专门实验柜,钥匙由学生保管。实验课结束后,实验教师与学生一起清点,按数目归还,如有损坏,按材料价格的一定比例进行赔偿,同时,实验教师做好仪器运行情况和物品领取、损坏等情况的登记。

6.4.2　建立物品使用抽查制度

实验中心不定期检查低值品的使用和管理情况。每学期对库房物资和各实验室在用低值品进行盘点,做到账物相符,发现差异要及时查明原因,追究责任。报损报废要及时处理,借用的要追回,要及时调整台账,以保证后续实验课的顺利进行。

6.4.3　特殊物品特殊管理

在名目繁多的低值易耗品中,有一些物品具有特殊性,包括受管制化学品(低闪点试剂、剧毒化学品、爆炸品、易制爆化学品和易制毒化学品)、燃油、劳保用品和某些易损毁仪器设备等。这些物品或具有危险性,或在财务管理上有别于其他低值易耗品,所以需要采取特殊的管理方式。对于受管制化学品和燃油,均严格按照公安部门、学校关于危险化学品管理和安全生产的相关规定来规范其采购、运输、储藏、领用和处置等流程,杜绝安全隐患。易损毁仪器设备是指用于某些破坏性试验(如爆炸、高温、高压、接触强酸强碱等),试验结束后即损毁的仪器设备,如某些类型的传感器等。这类仪器设备尽管从分类和价值上符合仪器设备的标准,但其使用寿命远不足一年,因此只要有相应的预算证明,即可参照低值品、易耗品的标准进行管理。

6.4.4　各类人员责任

(1)实验教师:实验教师是提出实验所需材料的第一责任人,关系到实验材料的种类和数量的确定。为了使实验教师对这项工作高度重视,规定对于实验教师如不能认真审核实验用品的必要性和使用数量的准确性的，应作相应的赔偿。

（2）实验室管理教师：实验室管理教师是对所管理的实验室实验材料的使用、管理负责，关系到本实验室需补充的实验材料的数量和本实验室的实验材料是否积压、浪费等情况。为了增强实验管理教师的责任意识，发挥他们在管理中的主力作用，对不能认真核对实验室物品的库存和及时返回库房而造成的积压、浪费、流失等的实验室管理教师，视情节予以批评和相应的赔偿。

（3）材料采购人员：材料采购人员对实验中心实验教学需要的全部实验材料的供应负责，关系到实验中心采购的实验材料的数量及质量，关系到实验教学能否顺利进行。为了树立材料采购人员全局意识、服务意识和责任意识，对实验采购人员如没有认真履行职责的，视情节予以批评和相应的赔偿。

（4）库管人员：库管人员关系到实验中心所进实验材料能否安全、科学的管理，关系到实验材料能否及时应用到实验教学中，满足实验教学的需要，关系到实验中心"勤俭节约"思想的贯彻执行。为了使库管人员树立安全意识、服务意识、责任意识，对库管人员如没有按规定管理物品（如易燃易爆危险品的管理、没有按药品性质保存、没有严格按更换手续更换等）的，视情节予以批评、赔偿和相应的处理。

（5）学生：学生是实验材料的直接使用者，关系到材料使用的安全、环保和实验成本。为了树立学生安全意识、节约意识和管理意识，对学生未按实验方案使用材料，能做小量实验却做大量实验，能配制少量试剂却配制大量试剂，没有看管好自己领用的物品等而造成浪费和流失的，视情节予以批评和相应的赔偿。学生保管的仪器，学期初时按仪器清单逐一认领，学期末需逐一清点核对，原则上不可有短缺。对损坏或丢失的物品，按相关规定进行赔偿。

（6）实验中心主任：实验中心主任是实验中心实验材料管理的第一责任人，关系到整个实验中心实验材料的管理水平。为了将实验中心实验材料管理规定落到实处，确保实验材料满足实验教学需要，对于实验中心主任没有严格把好审批关、没有按时抽查和检查、没有及时处理，而造成不良后果的，应进行相应赔偿和承担相应责任。

为使实验材料充分发挥作用，杜绝积压、浪费，保证安全环保，可结合实际情况采取以下管理措施。

（1）实验材料、低值品、易耗品购买申请单（表6-2）。

用于各实验室根据实验教学和设计创新实验需要而提出的申请。申请人填写各种实验材料信息后，报学院实验中心。

（2）实验材料、低值品、易耗品入库单（表6-3）。

用于购入实验材料验收、入库和对供应商结账凭证。

（3）实验材料、低值品、易耗品出库单（表6-4）。

表 6-4　实验材料、低值品、易耗品出库单

课程名称：　　　　　　　　　　实验类型：　　　　　　　　　　学年学期：

年级：　　　　　　　　　　　　专业：

序号	出库材料名称	规格型号	单位	数量	出库日期	备注

实验室管理教师签字：　　　　　　　库管人员签字：　　　　　　　实验中心主任签字：

　　用于各实验室根据实验教学计划领用实验材料和低值品、易耗品的凭证，各实验室管理教师根据所提交的计划到库房领用签字，库管人员发放签字。所有物品出库必须填写领用单，按计划领用，并实行先到先用的原则。对于未使用完的材料，库管人员应及时办理回收入库，单独摆放，并优先安排领用，以减少材料浪费。

　　（4）贵重、剧毒、放射性实验材料入库单（表 6-5）。

表 6-5　贵重、剧毒、放射性实验材料入库单

课程名称：　　　　　　实验项目：　　　　　　实验类型：　　　　　　实验时间：

学年学期：　　　　　　年级：　　　　　　　　专业：　　　　　　　　实验地点：

序号	材料名称	规格型号	单位	数量	级别	单价	生产厂家	生产日期	入库日期	柜号	备注

库管人员签字：　　　　　　实验中心主任签字：　　　　　　主管领导签字：　　　　　　日期：

　　用于贵重、剧毒、放射性实验材料的入库登记和管理，实行存入专用保险柜，采用双人双锁保管制，一套由库管人员保管，另一套由实验中心专人保管。

　　（5）贵重、剧毒、放射性实验材料出库单（表 6-6）。

　　用于贵重、剧毒、放射性实验材料的领用消耗凭证，实行每次只准领取一次的使用量，必须经实验中心主任签字，学院主管领导签字批准，库管人员、实验中心专职人员和实验室管理教师同时在场才可以出库。

表 6-6　贵重、剧毒、放射性实验材料出库单

课程名称：　　　　　　　实验项目：　　　　　　　实验类型：　　　　　　　实验时间：

学年学期：　　　　　　　年级：　　　　　　　　专业：　　　　　　　　实验地点：

序号	材料名称	规格型号	单位	数量	级别	生产日期	出库日期	领取次数	使用人	存放地点	备注

库管人员签字：　　　　　　实验中心主任签字：　　　　　主管领导签字：　　　　　日期：

（6）易制毒试剂领用单（表 6-7）。

表 6-7　易制毒试剂领用单

领用日期：＿＿＿年＿＿＿月＿＿＿日

申领人				
用途				
名称	级别/规格型号	数量	单价	总价
合计：				

上一次易制毒领取使用情况

领取时间	名称	规格数量	使用情况（包括使用人、用量、废液处理）
导师或项目负责人（签字）			
实验中心意见			
院主管领导意见			
实际领用情况			

库房签名：

＿＿＿＿＿＿年＿＿＿＿＿月＿＿＿＿＿日

　　用于易制毒试剂的领用凭证，由各实验室使用人填写后，经实验中心和主管领导签字同意后到库房领取。

6.5　玻璃器皿使用管理及损坏丢失的赔偿规定

实验教学既要注重培养学生的能力，又要注重教育学生提高综合素质。作为实验教学用的实验材料的管理，要引导、教育师生积极参与管理，高度重视节约，树立责任意识，维护实验器材（低值易耗品、贵重玻璃仪器和实验材料等）的完整、安全和有效使用，避免实验材料的损失和浪费。为此，规定低值易耗品和贵重材料被人为丢失或损坏，要严格计价赔偿。

玻璃仪器赔偿本着教育、引导、提醒为主，以师生树立责任意识和严谨认真态度为原则，在实验过程中，学生损坏玻璃器皿应及时填写玻璃仪器损坏报告单（表 6-8），须经实验指导教师签字确认，按一定比例进行赔偿。

表 6-8　玻璃仪器损坏报告单

日期	柜号	仪器名称	规格型号	数量	损坏者	班级	损坏原因	指导教师签字	补充情况

如在实验过程中发生玻璃仪器损坏或丢失，实验指导教师要查明原因。如因实验指导教师没有事先讲解学生使用方法和注意事项，而造成玻璃器皿损坏者，或者玻璃器皿损坏没有查明原因和责任人者，实验指导教师要承担责任。

发生责任事故需要赔偿时，要填写玻璃仪器损坏丢失赔偿处理单（表 6-9），由实验指导教师签字确认后，报实验中心主任核定。按相关规定进行赔偿。

表 6-9　玻璃仪器损坏丢失赔偿处理单

课程名称：　　　　　　　　　　实验项目：　　　　　　　　　　班级：

名称	规格	单位	单价	数量	总价
玻璃仪器损坏 丢失原因					
日期			使用人		
处理结果			赔偿金额		
实验指导教师		实验中心主任		经手人	

第7章　实验室一般安全设施

保护实验人员的安全和健康，防止环境污染，保证实验室工作安全而有效地进行是实验室管理工作的重要内容。

根据实验室工作的特点，实验室安全包括防火、防爆、防毒、保证压力容器和气瓶的安全、电气安全和防止环境污染等方面。

实验室应具备足够的安全设施，并时常加以保养，以便随时可供使用。实验室管理人员和实验者应熟悉有关安全设施的使用方法。

7.1　实验室内的纪律

（1）进入实验室人员必须严格遵从实验室管理人员的指示，遵守实验室规则。

（2）除非实验室管理人员在场，否则不得擅自进入实验室。

（3）未经许可，不得触碰任何不属于实验内容的仪器和溶液，不得移取实验室内的任何物品。

（4）所有进行中的实验必须有人在旁监管。操作中实验者不得离开岗位，必须离开时要委托负责任者看管。

（5）试剂及化学品使用后应立即放回适当的位置，容器上的标签应朝外，方便辨认。

（6）不应在实验室内吮指头或咬铅笔，以免沾染化学品或细菌。

（7）在实验室及实验准备室内，严禁饮食及吸烟，不能用实验器皿处理食物。

（8）实验室要保持安静，不得在实验室内大声喧哗、追逐或嬉戏。

（9）如遇意外发生或仪器损坏，实验者应立即向管理人员报告。

（10）实验时，要爱护仪器，节省药品，对于违反操作规程而损坏丢失的仪器，必须赔偿。

（11）实验完成后应立即洗手，尤其是涉及化学品、生物及放射物质的实验。

7.2　实验室一般安全设施配备

7.2.1　灭火器

灭火器（图7-1）是一种轻便的灭火器材，具有结构简单、轻便灵活、使用面广、灭火速度快、实用等优点，是人们用来扑灭各种初期火灾的很有效的灭火器材。灭火器的种类很多，按移动方式可分为手提式和推车式；按驱动灭火剂动力来源可分为储气瓶式、储压式、化学反应式；按充装的灭火剂又可分为泡沫、二氧化碳、干粉、卤代烷、酸碱、清水灭火器等。较为常用的是干粉、二氧化碳、1211、泡沫灭火器等。使用时，应根据不同的火灾类型选用适合的灭火器有针对性地去进行扑救。

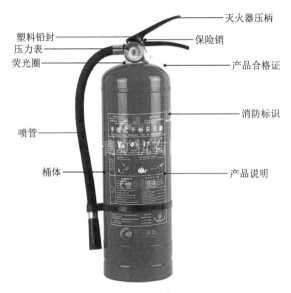

图 7-1　灭火器

　　每个实验室至少配备两个适当的灭火器：二氧化碳型或干粉型。灭火器位置一般应置于靠近门口，并距离地面不超过 90cm 的位置，以方便取用，并确保灭火器经常保持良好的性能。失效或过期的灭火器必须及时更换。

　　实验室常用的灭火方法：①用水灭火；②沙土灭火；③灭火器灭火。小火有时用湿毛巾覆盖上，就可以使火焰熄灭。如果实验出现火情，要立即停止加热，移开可燃物，切断电源。大火用灭火器，同时报警。如果灭火器扑灭不了，人员要尽快疏散撤离。出现火灾时，一定要冷静，做出正确的判断。

　　1. 干粉灭火器

　　干粉灭火器按其内部充装的灭火剂成分分为 ABC 干粉灭火器（灭火剂的主要成分是磷酸二氢铵）和 BC 干粉灭火器（灭火剂的主要成分是碳酸氢钠）。

　　（1）适用范围。

　　ABC 干粉灭火器可适用于 A、B、C、E 类火灾，即扑救固体物质火灾，各种易燃、可燃液体，易燃、可燃气体火灾，以及电器设备引起的火灾等。

BC 干粉灭火器可扑灭 B、C、E 类火灾。

优点：干粉灭火器灭火效率高、速度快，一般在数秒至十几秒之内可将初起小火扑灭。干粉灭火剂对人畜低毒，对环境造成的危害小。

缺点：易受潮结块而不能使用，具有腐蚀性，需每三个月检查一次压力表，药剂有效期三年。

（2）手提式干粉灭火器使用方法。

手提式干粉灭火器应在距燃烧物 3m 左右展开灭火，喷射前最好将灭火器上下颠倒几次，使筒内干粉松动，不可颠倒使用，如在室外，则应选择在上风口进行灭火。灭火时拉掉手柄上的拉环（有喷射管的则用左手握住喷射管），右手提起灭火器并按下压把，对准火焰根部位置，横扫燃烧区。

2. 二氧化碳灭火器

（1）适用范围。

二氧化碳灭火器可扑灭 B、C、E 类火灾。

优点：二氧化碳灭火器灭火速度快，无腐蚀性，灭火不留痕迹，特别适用于扑救重要文件、贵重仪器、带电设备（600V 以下）的火灾。

缺点：二氧化碳灭火器不能扑救内部阴燃的物质、自燃分解物质火灾及 D 类火灾（金属火灾），因为有些活泼金属可以夺取二氧化碳中的氧使燃烧继续进行。使用人员易冻伤，机体质量较大，每三个月需检查质量减少程度，此外在露天、有风的时候灭火效果不佳。

（2）使用方法和注意事项。

使用时拉掉手柄上的拉环，一只手握住喷管，另一只手压下压把，对准火焰根部位置，横扫燃烧区。

二氧化碳灭火器在喷射过程中应保持直立状态，不可平放或颠倒使用。因二氧化碳灭火器有效喷射距离较小，灭火时距离火源不能过远，一般 2m 左右较好，喷射时手不要接触金属部分，以防冻伤，在较小的密闭空间或地下坑道喷射后，人要立即撤出，以防窒息。

3. 火灾的种类和扑救火灾灭火器选用

按燃烧物的性质划分，火灾有五种类型，各类火灾所适用的灭火器见表 7-1。

表 7-1　实验室常见火灾事故的灭火剂

火灾类别	灭火剂
A 类火灾：固体物质火灾	雾状水、泡沫灭火器
B 类火灾：液体或可熔化的固体物质火灾	干粉灭火器、二氧化碳灭火器

续表

火灾类别	灭火剂
C 类火灾：可燃气体火灾	干粉灭火器（ABC 干粉灭火器）、二氧化碳灭火器
D 类火灾：金属火灾	干沙土
E 类火灾：带电燃烧的火灾	干粉灭火器、二氧化碳灭火器

7.2.2 灭火毯

每个实验室至少应备有一张灭火毯（图 7-2），用以覆盖燃烧中的物品。在起火初期，将灭火毯直接覆盖住火源，火源可在短时间内扑灭。实验室的灭火毯只供灭火用，并置于容易取用的地方。

7.2.3 沙桶

每个实验室应备有防火沙两桶（图 7-3），以用于扑灭由金属（钠、锌粉、镁等）及磷所引起的小火。

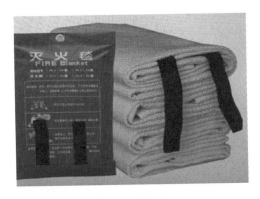

图 7-2　灭火毯

图 7-3　沙桶

7.2.4 通风橱

产生难闻、有毒有害气体、蒸气及挥发性有毒有害物质、刺激性物质或毒性不明的化学物质的实验操作，或其他对人体健康有不良影响的试剂配制、反应和操作，均应在通风橱内进行（图 7-4），以避免实验人员受到伤害，以及防止对周围环境的污染，保障实验室工作人员的健康。通风橱的玻璃门应装配强化玻璃或有铁丝网的玻璃。

图 7-4 通风橱

实验室通风设备应随时保持良好工作状态，并及时进行维护维修。

通风橱工作台面应保持整洁及可供随时使用。超净工作台，应按规定消毒操作。为保障排风不受阻碍，橱内不应存放仪器、玻璃器皿或其他杂物，只应放置当前所使用的物品。

在开启通风柜前，应先打开门、窗等进风通道。如果在关闭实验室门、窗的情况下，开启风机，由于对室内造成较大的负压，室内空气流量很小，这样不仅不能将有害气体排出室外，反而会将下水道内的污浊气体抽入室内，造成新的污染。其抽气系统应定期检查，确保性能良好。

注意在进行化学实验的过程中，不可将头伸进通风橱内。为保持通风柜内尽量大的风速以将有毒有害气体排出，应尽量把柜门降低。

7.2.5 安全挡板

每个实验室均应备有一块安全挡板，以便把实验装置和学生分开，防止化学品或玻璃碎片飞溅到学生身上。

在示范可能会引起剧烈或放热反应（如水与钠的反应），或在加压的情况下使用玻璃仪器等实验时，教师应使用安全挡板。

安全挡板应经常保持清洁，倘若被刮花，须立即更换。

7.2.6 急救箱和洗眼设备

每个实验室应备有急救箱（图 7-5）和洗眼设备（图 7-6），急救箱应放置在显眼及易取放的位置，箱内物品应确保有效，以备需要时使用。

图 7-5　急救箱

图 7-6　洗眼器

7.2.7　安全眼镜

实验过程中，保护眼部至关重要。为避免眼部受伤或尽可能降低眼部受伤的

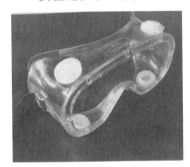

图 7-7　安全眼镜

危害，实验室应备有足够的安全眼镜（图 7-7），供每位实验者使用。实验过程中若涉及挥发性化学品加热、处理酸和碱及其他腐蚀性化学品、在加压的情况下使用玻璃仪器、进行可能会导致眼睛受伤的实验时，均应佩戴安全眼镜。待所有人完成上述实验活动后，再取下安全眼镜。安全眼镜受损毁或刮花，须立即更换，以免失去保护作用或影响视力。不洁的安全眼镜须用清洁剂清洗。普通视力的校正眼镜并不能起到可靠的防护作用，所以在实验过程中应在校正眼镜外另戴防护眼镜。不要在化学实验过程中佩戴隐形眼镜。

操作一些能量大、会产生对眼睛有害光线的实验时，则需要佩戴特殊眼罩来保护眼睛。

7.2.8　防护面罩

每个实验室都应备有防护面罩，供实验员进行准备实验工作或实验教师进行示范实验时使用。

在处理大量高浓度的酸、碱或腐蚀性的化学品及开放受压的器皿时，都应使用防护面罩。使用防护面罩不会阻碍视线，并能对眼睛及面部提供最佳的保护。

7.2.9　防护手套

在进行化学实验的过程中，手部是最易受到伤害的部位。所以保护手部的主要措施就是佩戴防护手套。在处理危险物品时，如腐蚀性化学品、灼热的物件或微生物等，操作者应戴上合适的防护手套保护双手。

防护手套的种类很多，实验室常用的有以下几种。

1. 防热手套

这类手套用于高温环境下的操作，防止手部烫伤。例如，从烘箱、马弗炉中取出灼热的物品时，或从电炉、电加热板上取下热的溶液时，均应佩戴隔热效果良好的防热手套。其材质一般为厚皮革、特殊合成涂层、绒布等。

2. 低温防护手套

这类手套用于低温环境下的操作，防止手部冻伤。例如，接触液氮、干冰等制冷剂或冷冻药品时，需要佩戴低温防护手套。

3. 一次性手套

有些化学实验对手部的伤害风险较低，但对手指的触摸感要求较高时，可选择佩戴一次性手套。

4. 化学防护手套

当实验者在处理危险化学品或手部有可能接触到危险化学品时，均应佩戴化学防护手套。由于化学防护手套的种类较多，构成的材质不同，因此实验者应根据所需处理的化学品的危险性来选择最适宜的防护手套。如果选择错误，则起不到防护作用。

化学防护手套常见的材质有天然橡胶、氯丁橡胶、聚氯乙烯（PVC）、聚乙烯醇（PVA）、腈类等。各类材质各有其用途，简要介绍如下。

天然橡胶手套：具有天然弹性，触感优良，可抗轻度磨损，有较好的对抗酸、碱、无机盐溶液的性能。但对有机溶剂，特别是对苯、甲苯等芳香族化合物以及四氢呋喃、四氯化碳、二硫化碳等的防护性能较差，且易分解和老化。

氯丁橡胶手套：对酸类（包括浓硫酸等）、碱类、酮类、酯类有较好的防护性能，而且还耐切割、刺穿。但耐磨性不如天然橡胶和丁腈橡胶，并且对芳香族有机溶剂和卤代烃的防护性差。

聚氯乙烯手套：耐磨性良好，对强酸、强碱及无机盐溶液有较好的防护性能，但对酮类、苯、甲苯、二氯甲烷等有机溶剂的防护性较差。并且容易被割破和刺破。

聚乙烯醇手套：较坚固，耐磨损、刺穿和切割；对脂肪族、芳香族化合物（如苯、甲苯等）、氯化溶剂（三氯甲烷等）、醚类和大部分酮类（丙酮除外）的防护性良好。但需注意遇水、乙醇会溶解，不适合用于无机酸、碱、无机盐溶液和含乙醇的体系中。

腈类手套：较为常见的是丁腈手套。相对于橡胶手套和乙烯基类手套而言，腈类手套的化学防护性较好，如对酸、碱、无机盐溶液、油、酯类以及四氯化碳、氯仿等溶剂的防护性良好，但对酮类、苯、二氯甲烷等的防护性较差。

5. 防割手套

这类手套主要用于接触一些锋利的物品，或当组装、拆卸玻璃仪器装置时防止手部被割伤而使用。常使用杜邦 Kevlar 材料、钢丝、织物或坚韧的合成纱材质。

佩戴防护手套时应注意以下几点。

（1）使用前应认真检查手套有无破损、老化现象。

（2）在使用过程中，若需接触日常物品（如电话机、门把手、笔及其他物品）时，应脱下防护手套，以防有毒、有害物质污染扩散。

（3）选择大小合适的手套，便于灵活操作。

7.2.10　实验服

所有人员进入实验室必须穿相应的实验服，特别是在进行实验操作时更应穿上以保护身体不受到伤害，同时也保护衣服不受到污染。但需注意的是破旧的实验服不但没有保护作用，更可能导致危险。实验服一般应为长袖、过膝，材质通常为棉，颜色多为白色。进行一些对身体伤害较大的危险性操作时，必须穿专门的防护服。例如，进行 X 射线相关操作时应穿着铅质的 X 射线防护服。

另外，在安全区（如阅览室、茶室、会议室、办公室）内不可穿实验服及佩戴安全防护眼镜。实验服应经常进行清洗，但要注意不能和其他衣服一起洗涤，也不要带到洗衣店或家中洗涤。

身体的其他部位如脸部、头部、脚部也需要认真防护，因此，实验人员不应穿拖鞋、短裤进入实验室，而应穿不露脚面的鞋和长裤。在进行实验时应把长发扎起。

使用防护面具、眼镜后应及时消毒处理，一次性手套使用后专门收集、集中处理。

7.2.11　呼吸器

每个实验室应备有一个可更换滤毒剂的呼吸器。若必须在通风橱以外的地方进行涉及有害蒸气或气体的操作时，如混合化学废物，清理有毒或易挥发的化学溢泻物时，应戴上呼吸器。

应定期更换滤毒剂，以确保呼吸器可供随时使用。

7.3 用 电 安 全

在现代生活和工作的各个方面，人们离不开电，用电规模越来越大，各种用电设备也越来越多，如缺乏用电安全知识和技能，违反用电安全规则，就会发生人体触电或电器火灾事故，造成重大损失。因此，必须重视用电安全。实验室常用的电源电压为220V，而实验室动力电的电压一般为380V。

每个实验室应安装一个电力总闸，以便在有需要的时候截断实验室内所有插座的电源。插座应该尽可能远离水龙头，以防止水花溅湿。

7.3.1 安全措施

由于在实验室内用电的机会较为普遍，经常有触电的危险，因此实验室更应该采取适当的安全措施。

（1）仪器设备等电源线，接插电源应安装插头，不能直接将导线裸露部分插入插座孔。

（2）应使用符合安全标准的插头。

（3）插座、插板周围不得堆放纸张、塑料、泡沫等易燃物品，插座附近应避免落入可燃物品，插头插座损坏后应及时修理更换。

（4）化学实验楼的某些房间。如试剂库房、有机和高分子的一些实验室，由于易燃性气体浓度过高，遇火会发生爆炸或火灾，造成人身伤害和财物的重大损失，因此，在有危险爆炸物的场所应安装防爆插座和防爆灯具。

（5）应尽可能少用适配接头（万能接头）及拖板。

（6）当手、脚或身体沾湿，或者站在潮湿地板上时，不可使用电器。

（7）不应在潮湿的地方（如排水槽边）使用电器。

（8）易燃液体不可储存在电器附近，因为所挥发的气体容易被电弧或者电火花点燃。

7.3.2 用电设备安全

（1）使用新的仪器设备要先熟悉仪器设备的各项性能指标，性能指标包括主要额定参数，如额定电压、额定电流、额定功率等，相关数据在仪器铭牌处均有注明。仪器设备的额定电压应和电气线路的额定电压相符，工作电流也不能超过额定电流，否则绝缘材料易过热而发生危险。

（2）使用仪器设备前，要先看说明书，清楚使用方法及注意事项，才能使用。

（3）电器（尤其是电热板、烘箱、熔炉及电动机等发热的电器）的绝缘部分会因为陈旧而失效，在实验室使用时可能会导致危险。所以应该经常检查该类电器绝缘部分的性能。

（4）电器装置不能裸露，若有漏电应及时修理。

（5）各种电器应绝缘良好，并接地线。

（6）仪器设备使用完后，要关闭开关，拔掉电源插头。

（7）实验过程中，如果有电线或设备发出异味和异常响动时，应当立即停止实验，仔细检查相关设施，找出原因，排除隐患，必要时要及时切断电源，并立即通知安全人员进行检查。

（8）在发现冒烟、起火等异常情况时，要先切断所有电源开关，再用灭火器扑灭火焰。如果不能及时扑灭火焰，应立即向相关部门求助。

7.3.3　化学实验室常用仪器设备安全使用常识

1. 电热设备

电炉、电烤箱、干燥箱（烘箱）等都是用来加热的设备，加热用的电阻丝是螺旋形的镍铬合金或其他加热材料，温度可达 800℃ 以上，使用时必须注意安全，否则易发生火灾。使用时应注意以下几点。

（1）电热设备应放置在通风良好的专门房间内，房间内不应有易燃物品、易爆性气体、粉尘和其他杂物。

（2）因电热设备的功率一般都比较大，所以最好有专用线路和插座。否则若将它接在截面积过小的导线上或使用老化的导线，容易发生危险。

（3）电热设备在使用过程中不可长时间无人看管，要有人值守，巡视。并要经常检查电热设备的使用情况，如控温器件是否正常，隔热材料是否破损，电源线是否过热、老化等。

（4）若更换新电阻丝一定要与原来的功率一致。

（5）不要在电热设备温度范围的最高限值长时间使用。

（6）不可将未预热的器皿直接放入高温电炉内。

（7）电热烘箱一般是用来烘干玻璃仪器和在加热过程中不分解、无腐蚀性的试剂或样品。挥发性易燃物或刚用乙醇、丙酮淋洗过的样品、仪器等不可放入烘箱加热，以免发生着火或爆炸。

（8）烘箱门关好即可，不可上锁。

总之，电热设备的使用一定要严格遵守操作规程和制度。

2. 电冰箱

电冰箱在实验室的使用越来越广泛，违规使用也会导致实验室事故。在使用过程中应注意以下几点。

（1）保存化学试剂的冰箱应安装内部电器保护装置和防爆装置，最好使用防爆冰箱。

（2）冰箱内保存的化学试剂，应有永久性标签并注明试剂名称、物主、日期等。化学试剂应放在气密性好的玻璃容器内。

（3）剧毒、易挥发或易爆化学品不得存放在冰箱里。

（4）不得将食物放在保存化学试剂的冰箱里。

（5）冰箱应定期清理药品，擦洗冰箱。

3. 变压器

很多实验室都会用到各种类型的电器变压器，但若使用不规范，会存在安全隐患。使用中应注意以下问题。

（1）变压器的功率要与电器的功率一致或略大一些。

（2）变压器电源进线上最好安装开关并接好指示灯，以提醒在电器使用完毕后及时切断电源。

（3）变压器应远离水源，如最好不要放在通风橱内水嘴旁，以免溅上水引起短路。

（4）变压器周围不可堆放可燃性物质。

（5）变压器在使用过程中应经常检查使用状况，如发现有异味或较大噪声时，应及时处理。

7.4　各类气瓶的使用与管理

7.4.1　气瓶的分类

气瓶（图 7-8）的种类和分类方法很多，可按形态、制造方法、瓶内介质状态等分类。以下介绍按瓶内介质状态分类。

（1）永久气体气瓶。

这类气瓶是指在常温下瓶内充装的气体（临界温度低于-10℃）永远是气态。如最常用的氧气、空气、氮气、氢气气瓶等。这类气瓶由于充装的是压缩气体，内部压力高，所以气瓶都用无缝钢质材料制成，也称无缝气瓶。

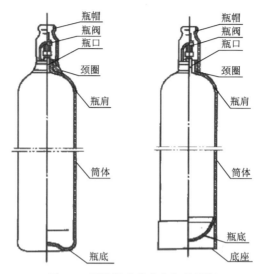

图 7-8 两种经典的永久气体钢瓶

（2）液化气体气瓶。

这类气瓶是指瓶内充装气体的临界温度等于或高于–10℃的气瓶。这些气体在常温、常压下，有的是气态，有的是气、液两相共存的状态，如二氧化碳、乙烯、液氯、液氨气瓶等。由于此类气瓶内部压力不是很高，所以一般采用焊接气瓶。

（3）溶解乙炔气瓶。

此类气瓶是专门装乙炔的，是把乙炔溶解在丙酮中，然后再灌入带有填料的气瓶中，主要用于电焊，实验室用到较少。

实验室大量使用气体时，常常采用商品供应的气体。实验人员必须熟知气体钢瓶的标识及使用，以免错误地使用气体，造成实验失败或事故。

灌装气体的钢瓶由无缝碳素钢或合金钢制成。气体压缩储存在专用的气体钢瓶中，一般最大压力为 $150×10^5$Pa。在各种高压气体钢瓶的外壳瓶肩部打有钢印，其内容有制造单位、日期、型号、工作压力等。

7.4.2 气瓶的颜色标记

气瓶的颜色标记包括气瓶的外表面颜色和文字、色环的颜色。气瓶瓶身涂颜色有两个作用：一是可以通过瓶身涂抹的颜色来识别瓶内气体的种类；二是防止锈蚀。

在我国，不论是哪个厂家生产的气体钢瓶，只要是同一种气体，气瓶的外表颜色都是一样的。所以应熟记一些常用气体的颜色，如氢气瓶是深绿色，氮气和空气瓶是黑色等。这样即使是在气瓶的字样、色环颜色模糊后，也能根据气瓶的颜色来确定瓶内的气体。因此，气瓶颜色是一种安全标志。

气瓶颜色标记喷涂位置见图 7-9，国内常用气瓶的颜色标记见表 7-2。

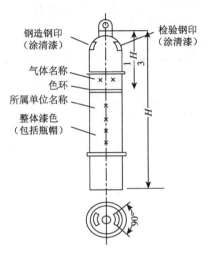

图 7-9　气瓶的漆色、标志示意

字样一律采用仿宋体，宋体高度一般为 80mm。色环宽度一般为 40mm

表 7-2　国内常用气瓶的颜色标记

气体名称	化学式	钢瓶外壳颜色	字样	字样颜色	色环
乙炔	C_2H_2	白	乙炔不可近火	红	
氢	H_2	深绿	氢	红	$P=20$，黄色环一道 $P=30$，黄色环二道
氧	O_2	天蓝	氧	黑	
氮	N_2	黑	氮	黄	$P=20$，白色环一道 $P=30$，白色环二道
空气		黑	空气	白	
二氧化碳	CO_2	铝白	液化二氧化碳	黑	$P=20$，黑色环一道
氨	NH_3	黄	液氨	黑	
氯	Cl_2	草绿	液氯	白	
氦	He	银灰	氦	绿	$P=20$，白色环一道 $P=30$，白色环二道
氩	Ar	银灰	氩	绿	
氖	Ne	银灰	氖	绿	
硫化氢	H_2S	银灰	液化硫化氢	红	
氯化氢	HCl	银灰	液化氯化氢	黑	

续表

气体名称	化学式	钢瓶外壳颜色	字样	字样颜色	色环
甲烷	CH_4	棕	甲烷	白	$P=20$，黄色环一道 $P=30$，黄色环二道
乙烯	C_2H_4	棕	液化乙烯	黄	$P=15$，白色环一道 $P=20$，白色环二道
氯乙烯	C_2H_3Cl	银灰	液化氯乙烯	红	
天然气（民用）		棕	天然气	白	
液化石油气		银灰	液化石油气	红	

注：色环栏内的 P 是气瓶的公称工作压力（MPa）。

7.4.3　气瓶的存放

（1）气瓶最好存放在专用的房间内。

（2）气瓶应垂直摆放，并固定在墙壁或台边。

（3）气瓶应存放于阴凉及通风的地方，避免受阳光直接照射，室温不要超过35℃，远离火源、室内不要用明火，电器开关等最好是防爆型的。

（4）气瓶应远离腐蚀性物品。

（5）氧气瓶和可燃性气瓶不能同放一室。

7.4.4　气瓶的安全使用

（1）禁止敲打、碰撞。

（2）使用前，应先检查气瓶的气阀，以确保操作正常。小心处理开关不灵活的气阀。尽可能以标准匙用手施压慢慢开启。切勿用锤子或硬物敲或撬，也不应使用润滑剂帮助开启（开启氧气钢瓶时尤其应该注意，氧气钢瓶的减压阀、阀门及管路禁止涂油类或脂类）。

（3）压力容器要平稳操作。开阀时要慢慢开启，速度不宜过快，要防止压力突然上升。放气时人应站在出气口的侧面。开阀后观察减压阀高压端压力表指针动作，待至适当压力后再缓缓开启减压阀，直到低压力端的压力表指针到需要压力时为止。

（4）气瓶用毕关阀时，应用手旋紧，不得用工具硬扳，以防损坏瓶阀。

（5）气瓶必须专瓶使用，不得擅自改装，应保持气瓶漆色完整、清晰。

（6）每种气瓶都要有专用的减压阀，氧气和可燃气体的减压阀不能互用。瓶阀或减压阀泄漏时不得继续使用。

（7）瓶内气体不能用尽，剩余残压一般要保持在 0.05MPa 以上。可燃气体应保留残压 0.2～0.3MPa，氢气应保留更高的残压，以防空气倒灌，在重新充气或以后使用时发生危险。

（8）检查气瓶是否漏气，可以采用肥皂水涂抹的方式，如有气泡产生，则说明有漏气现象。但氧气瓶不能用肥皂液检漏，这是因为氧气容易与有机物质反应而发生危险。对于液氯气瓶，可用棉花蘸氨水接近气瓶出气嘴，如发生白烟，说明有漏气。对于液氨气瓶，可用湿润的红色石蕊试纸接近气瓶出气嘴，如试纸由红变蓝，说明气瓶漏气。禁止使用手摸、耳听、鼻嗅等方式检漏。

（9）一旦气瓶漏气，除非有丰富的维修经验能确保人身安全，否则不能擅自检修。可采取一些基本措施，如首先应关闭阀门，然后开窗通风，并迅速请有经验的人员或专业人员检修，如发生易燃、易爆气瓶漏气，要注意附近不要有明火，不要开灯。

7.4.5　气瓶的搬运

（1）气瓶搬运之前应戴好瓶帽，避免搬运过程中损坏瓶阀。

（2）搬运时最好用专用小推车，既省力又安全。如没有专用小推车，可以徒手滚动，即一只手托住瓶帽，使瓶身倾斜，另一只手推动瓶身沿地面旋转滚动，不准拖拽、随地平滚或用脚踢蹬。

（3）搬运过程中必须轻拿轻放，严禁在举放时抛、扔、摔。

7.5　化学实验的基本安全防护

7.5.1　防中毒

一般毒物可由三条途径进入人体：皮肤、消化道和呼吸道。所以实验室防中毒主要采取加强个人防护的方法。

（1）禁止口尝来鉴定试剂和未知物。

（2）不要直接俯向容器口去嗅化学试剂的气味，而应保持适当距离。以手煽出少许气体引向鼻孔。不要闻未知毒性的试剂。

（3）不要用嘴来吸移液管或填充虹吸管，而应使用洗耳球或抽气机。

（4）一切有可能产生毒气的工作必须在通风橱内进行，并且通风橱通风设备良好。

（5）从事有毒工作时，必须穿戴工作服、防护面具，戴上防护手套。工作结束后，要把一切处理完毕后方可离开实验室。

（6）如果进入房间嗅到煤气味，应立即开窗通风，千万不要打开任何电源，以免电火花引起煤气爆炸燃烧。

7.5.2　防割伤、烧伤、烫伤

（1）割伤。割伤是实验室中经常发生的事故，通常在拉制玻璃管或安装仪器时发生。当被割伤时，首先应将伤口处玻璃屑取出，用水洗净伤口，以医用双氧水消毒，并涂以碘酒，然后用纱布包扎，避免伤口因接触化学药品而中毒。

（2）在进行加热液体的试管操作时，要注意试管口不能对着自己或他人，以免烫伤。

（3）酸腐蚀致伤。应以大量水进行冲洗，再用饱和碳酸氢钠溶液（或稀氨水、肥皂水）中和洗涤，最后用水冲洗。

（4）橡胶手套应经常检查有无破损，特别是在接触酸之前。

7.5.3　防溢水、防盗

在实验室内使用完水后，一定要关闭水龙头，若遇停水，在离开实验室时一定要注意检查，以免来水时溢出。会堵塞下水道的纸片、火柴棍等残渣要及时清理。

防盗就是在离开实验室时，一定要检查关好实验室门窗，短时离开，也要随手关门。每次学生实验结束后，值日生要填写安全卫生检查日志，逐项检查水、电、气、门、窗是否关好，检查完毕，才能离开实验室。若遇陌生人，一定要上前询问。

7.6　化学实验的一些基本安全操作

7.6.1　使用玻璃器皿的安全操作

正确使用各种玻璃器皿对于减少人员伤害是非常重要的。实验室中不允许使用破损的玻璃器皿。对于不能修复的玻璃器皿，应当按照废物处理。在修复玻璃器皿前应清除其中所残留的化学药品。实验室人员在使用各种玻璃器皿时应注意以下事项。

（1）在使用玻璃器皿前，应认真检查器皿是否有裂纹或破损，如有，则应及时更换完好无损的。

（2）截断玻璃管（棒）操作：先用锉刀（三角锉、扁锉）的边棱或小砂轮在需要切割的位置上朝一个方向用力锉一稍深的锉痕，不可来回乱锉，否则锉痕太多使玻璃管（棒）断裂不平整。折断玻璃管（棒）时，两手应戴纱手套或在锉痕的两边包上布，两手分别握住玻璃管（棒）的凹痕两边，凹痕向外，两个大拇指分别按在凹痕的后面，轻轻向前推，同时朝两边拉，玻璃管（棒）即平整断裂。然后在氧化焰中将玻璃管锋利的截面熔烧圆滑。切割时需注意安全，折断玻璃管（棒）时应戴防护镜。

（3）将玻璃管插入橡胶塞或在玻璃管上套橡胶管时应注意防护，插管时可戴手套或垫毛巾包住玻璃管进行操作（握管的手要靠近橡胶塞）。塞孔与橡胶管的大小应吻合，橡胶塞打孔过小时不可强行插入玻璃管或温度计，应涂些润滑剂或重新打孔。

（4）如玻璃管紧塞在木塞内，不应强行拉出玻璃管，而应切开木塞取出。

（5）玻璃管与木塞、胶塞、胶管等拆装时，应先用水润湿，手上垫棉布，以免玻璃管折断扎伤。

（6）操作时切勿将管口指向掌心。

（7）量筒、试剂瓶、培养皿等玻璃制品不可在火上或电炉上加热。不应在试剂瓶或量筒中稀释浓硫酸或溶解固体试剂。

（8）如须开启紧塞的玻璃瓶塞，应先将玻璃瓶放在一个足够容纳瓶内物质的水槽内，以防意外溢泻，然后轻敲瓶塞。

（9）灼热的器皿放入干燥器时不可马上把盖子盖严，应暂留小缝适当放气。搬动干燥器时应双手操作，并用两手的大拇指按紧盖子，以防滑落而打碎盖子。

（10）在进行减压蒸馏时，应当采用适当的保护措施（如有机玻璃挡板，防止玻璃器皿发生爆炸或破裂而造成人员伤害）。

（11）普通的玻璃器皿不适合做压力反应，即使是在较低的压力下也有较大危险，因而禁止用普通的玻璃器皿做压力反应。

（12）破碎玻璃应放入专门的垃圾桶。破碎玻璃在放入垃圾桶前，应用水冲洗干净。

7.6.2　水的使用

实验室用水分为自来水、纯水及超纯水三类。在使用时应注意以下事项。

（1）节约用水，按需求量取水。

（2）根据实验所需水的质量要求选择合适的水。洗刷玻璃器皿应先使用自来水，最后用纯水冲洗；色谱、质谱及生物实验（包括缓冲液配制、水栽培、微生物培养基制备、色谱及质谱流动相等）应选用超纯水。

（3）纯水和超纯水都不要存储，随用随取。若长期不用，在重新启用前，要打开取水开关，使纯水或超纯水流出几分钟后再取用。

（4）用毕切记关好水龙头。

7.6.3　汞的安全操作

汞俗称水银，在常温下，汞逸出蒸气，吸入体内会使人受到严重毒害。如汞直接暴露于空气中，房间又不通风，就有可能使空气中汞蒸气超过安全浓度，从而引起汞中毒。所以在使用汞时，必须严格遵守以下规定。

（1）汞要存储在厚壁的玻璃器皿或瓷器中。

（2）汞不能直接暴露在空气中，存储汞的容器内应盛有水或用其他液体覆盖。

（3）一切转移汞的操作，都应在瓷盘内（盘内有水）进行。

（4）装汞的仪器下面要放置盛有水的瓷盘，防止汞滴撒落到桌面或地上。

（5）汞若掉落到桌面或地上，应先用吸管尽可能将汞滴收集起来，然后用硫磺粉覆盖在汞撒落的地方，并摩擦使之生成 HgS。也可用锌粉覆盖形成锌汞齐。

（6）装有汞的器皿或有汞的仪器应远离热源。严禁把装有汞的仪器放进烘箱。

（7）使用汞的实验室应有良好的通风设备，且要有下通风口。

（8）手上若有伤口，切勿接触汞。

7.6.4　铬酸洗液的安全操作

铬酸洗液是含有饱和重铬酸钾的浓硫酸溶液，具有强酸性、强腐蚀性和强毒性，在使用过程中一定要十分小心。铬酸洗液的安全操作具体如下所述。

（1）在使用前要确认待洗的容器内没有存留大量的水或有机溶剂，同时确认铬酸洗液没有失效。失效的铬酸洗液颜色呈绿色，不能使用。

（2）取适量的铬酸洗液（不要超过待洗容器容积的1/4）放入待洗容器内，缓慢旋转、倾斜待洗容器，使洗液浸润容器全部内表面并充分接触。

（3）使用后的铬酸洗液若颜色仍是深棕色，应倒回原瓶（如使用后洗液颜色明显变绿，则一定不要再倒回原瓶！应倒入专用的废液回收瓶中）。应将待洗容器尽量控干净，尽量减少残留在容器内部的洗液。

（4）用少量自来水充分润洗已用铬酸洗液润洗过的容器，将第一次的水洗液倒入专用的废液回收瓶中（第 3 步中已明显变色的洗液也倒入此瓶），再依次用自来水、蒸馏水充分淋洗，已无明显颜色的水洗液才可倒入下水槽。

注意：铬酸洗液瓶的瓶盖要塞紧，以免吸水失效。使用铬酸洗液前应戴上防护手套（如橡胶手套等），使用过程中如有洒出，应及时处理。

7.6.5　液氮的安全操作

液氮常用作制冷剂。制冷剂会引起冻伤，少量制冷剂接触眼睛会导致失明，液氮产生的气体快速蒸发可能会造成现场空气缺氧。使用和处理液氮时应注意以下几点。

（1）戴上绝缘防护手套。

（2）穿上长度过膝的长袖实验服。

（3）穿上过脚踝不露脚面的鞋，戴好防护眼镜，必要时戴防护面罩。

（4）保持环境空气流畅。

7.6.6　实验过程中一些典型的安全操作

在进行化学实验的过程中，常常要涉及玻璃仪器的组装、试剂的取用、加热或冷却、温度和压力控制等多个环节，危险因素较多。所以，在操作中要注意以下安全操作。

（1）在进行蒸馏和回流的实验时，往往需用自来水或循环水进行冷却，应注意经常检查连接管路的橡胶管是否接牢，有无老化。否则如果一旦脱落漏水，可能会因停止冷却而发生事故。

（2）在进行蒸馏或回流操作时，务必要防止形成封闭体系，否则容易发生爆炸事故。

（3）不同的溶剂体系应采用不同的加热方式。例如，沸点在 80℃ 以下的乙醚、二硫化碳、石油醚、氯仿、丙酮、乙醇等溶剂适宜用水浴加热，并且只能从冷水开始加热；沸点在 80℃ 以上的液体可采用可调温度的电热套、油浴等加热。加热低沸点易燃溶剂应避免明火，加热设备应远离易燃物。禁止使用敞口容器加热有机溶剂。

（4）加热过程中须防止局部过热和暴沸。因此，在蒸馏和回流溶液前，应先加入沸石或搅拌磁子，然后再开始加热。注意不能向热溶液中补加沸石或搅拌磁子。

（5）进行易燃溶液热过滤时，在倾倒溶液前应关闭加热器。

（6）不可随意徒手拿取灼热的器皿，以防烫伤或损坏器皿。应选择合适的方法拿取，如戴手套及使用专用夹子、钳子等。

（7）稀释浓硫酸时应一边搅拌一边将酸缓缓地倒入水中。切不可将水倒入浓硫酸中，以防稀释时产生的大量热量使液体溅出伤人。

（8）实验过程中，操作者不可长时间离开。暂时离开时也应委托他人照看，以防发生意外事故。

第8章 实验事故的应急处理

化学实验经常涉及使用危险化学品、高温、高压、真空、辐射等危险因素，极易引发实验事故，造成人身伤害。为减少化学实验室事故发生的概率，在实验过程中人身防护的工作非常重要。同时，实验人员也应学习实验室常见实验事故的应急处理方法。下面将逐一介绍实验室常见事故的应急处理方法。

8.1 晕　　厥

任何意外均可能导致不同程度的晕厥或者头晕，施救时应该采取下列措施。

（1）让伤者平躺，将脚端抬高于头部，帮助血液注入脑部。

（2）确保伤者的呼吸道畅通，呼吸正常。松开一切紧身的衣物和其他束缚。如果呼吸及心跳停止，应立即施行心肺复苏法，并致电呼叫救护车。

8.2 起　　火

起火后应立即灭火，同时要防止火势蔓延，如情况允许可采取切断电源，移走易燃药品等措施。一般的小火可用湿布、沙子覆盖燃烧物。电器设备所引起的火灾，应使用二氧化碳灭火器或四氯化碳灭火器灭火，不能使用泡沫灭火器，以免触电。

活泼金属，如钠、镁等着火时，宜用干沙灭火，不能用水、泡沫灭火器以及四氯化碳灭火器灭火。实验时若衣服着火，切勿惊慌乱跑，应立即脱下衣服，或者立刻卧倒打滚，或用石棉布覆盖着火处。

汽油、乙醚、甲苯等有机溶剂着火时，应用石棉布或沙土扑灭，绝对不能用水，否则反而会扩大燃烧面积。

乙醇及其他可溶于水的液体着火时，可用水灭火。

出现火灾时，一定要冷静，做出正确判断。

（1）发生浓烟时应迅速撤离，当浓烟已进入室内时，要沿地面匍匐前进，因为地面层新鲜空气较多，不易中毒窒息，利于逃生。而当逃至门口时，要注意千万不要急于站立开门，否则易被大量浓烟熏倒。

（2）逃到室外，要尽量随手把门关上，如有防火门也应随即关上，防止火势迅速蔓延，增加逃生时间。

（3）如果下层楼梯冒出浓烟，不要硬行下逃，因为火源有可能就在下层，向上逃离反而更可靠些，可以到天台、凉台，找一处安全的地方，等待救援。

（4）外逃时千万不能乘坐电梯，因为发生火灾后，电梯可能停电或失控。同时，由于"烟筒效应"，电梯井通常成为浓烟的流通道。

（5）如果被困在室内，应迅速打开水龙头，将所有可盛水的容器装满水，并把毛巾、被单等打湿，以备随时使用。可用湿毛巾捂嘴，三层湿毛巾可遮住 30%的浓烟不被吸入，12 层湿毛巾可遮住 90%的浓烟不被吸入。

8.3　触电事故应急处理方法

触电事故由于无法预兆，瞬间即可发生，而且危险性大，致死率高。所以，一旦发生触电事故，千万不可慌乱，一定要冷静、正确处理。应急处理的基本原则是动作迅速和方法得当。具体步骤如下所述。

8.3.1　迅速脱离电源

人体触电后，很可能由于痉挛或昏迷而紧紧握住带电体，不能自拔。因此，应急处理的第一步就是以最快的速度让触电者脱离电源。对于心脏骤停的触电者，应立即进行心脏复苏。

在安全的情况下，切断有关电源，把伤者与电源分隔。如果未能确定伤者是否已经与电源分隔，切勿直接去触摸伤者。如果无法即时切断电流，应站在干爽的绝缘物料上，如木箱，并以其他干爽的绝缘物件设法把伤者与电源分离。

在使触电者脱离电源时应注意以下几点。

（1）救助者不能用金属或潮湿的物品作为救护工具。

（2）未采取绝缘措施前，救助者不能接触触电者皮肤和潮湿的衣服。

（3）在拉拽触电者脱离电源时，救助者单手操作比较安全。

（4）如果触电者处于高位，要考虑触电者由高位坠地时的防护措施。

8.3.2　对症救治

1. 轻度受伤

如触电者只是电伤，即电灼伤、电烙印、皮肤金属化等体外组织损伤，未伤及体内组织，一般无生命危险。一些触电者的皮肤症状表现较轻，但电击对肌体产生的深部损伤，不仅触电者自己估计不足，有时连医生也估计不足。所以，遭电击后，无论伤情轻重，都应去就医。

2. 重度受伤

如触电者神志恍惚、无知觉，但心脏还在跳动，尚有微弱呼吸，应让其在空气新鲜处平躺休息，松开身上妨碍呼吸的衣物，保持呼吸道通畅并注意保暖。

如触电者失去知觉，呼吸停止，应立即进行心肺复苏，同时请人拨打急救电话，尽快送医院抢救。送至医院前，要注意保暖。

8.4　割伤、烧伤及烫伤

8.4.1　一般割伤

割伤一般是被玻璃仪器（如试管或玻璃管）的碎片、工具（如木塞钻孔器或切刀等）或者某些尖锐边缘轻微割伤。

当被割伤时，首先应取出伤口内异物，保持伤口干净，用酒精棉清除伤口周围的污物，涂上外伤膏或消炎粉。若严重割伤，可在伤口上部 10cm 处用纱布扎紧，减慢血流，并立即送医院。

8.4.2　烧伤

1. 烧伤的定义

烧伤一般指热力，包括热液（水、汤、油等）、蒸气、高温气体、火焰、炽热金属液体或固体（如钢水、钢锭）、电流、化学物质、放射线等，所引起的组织损害，主要是指皮肤或黏膜，严重者可伤及皮下或黏膜下组织，如肌肉、骨、关节等。

2. 烧伤程度的鉴别方法

我国普遍采用三度四分法，即根据皮肤烧伤的深浅分为Ⅰ度、浅Ⅱ度、深Ⅱ度、Ⅲ度。

Ⅰ度和浅Ⅱ度称为浅烧伤，深Ⅱ度和Ⅲ度称为深烧伤。

（1）Ⅰ度烧伤（红斑性）。

只伤及皮肤角质层等，局部出现轻度红、肿、热、痛，无水疱，干燥无感染，常有烧灼痛，2～3 天症状消退，3～5 天痊愈，无瘢痕。

（2）浅Ⅱ度烧伤（水疱性）。

烧伤已深入到真皮，皮肤出现红肿、剧痛、起水疱，如无感染1～2 周痊愈，不留瘢痕。

（3）深 II 度烧伤（水疱性）。

伤及真皮网状层表皮下积薄液，或水疱较小，去表皮后创面微湿，发白，有时可见许多红色小点点或细小血管，水肿明显，疼痛，一般 3～4 周后痊愈，可遗留瘢痕。

（4）III 度烧伤（焦痂性）。

伤及全皮层，甚至皮下脂肪、肌肉、骨骼，创面苍白、焦黄或焦黑，干燥，由于伤处神经末梢已被毁坏，因而感觉迟钝、疼痛消失，3～4 周后焦痂脱落，需植皮后愈合，遗留瘢痕或畸形。

3. 烧伤的严重程度

根据 1970 年全国烧伤会议提出的标准，将烧伤的严重程度分为轻度、中度、重度、特重度四类。

（1）轻度烧伤：烧伤总面积在 9% 以下的 II 度烧伤。

（2）中度烧伤：烧伤总面积在 10%～29%，或 III 度烧伤总面积在 10% 以下的烧伤。

（3）重度烧伤：烧伤总面积在 30%～49%，或 III 度烧伤总面积在 10%～19%，或烧伤总面积不足 30%，但全身情况较重或已有休克、复合伤、中重度吸入性损伤的情况。

（4）特重度烧伤：烧伤总面积在 50% 以上，或 III 度烧伤面积在 20% 以上的烧伤。

4. 烧伤现场应急处理

烧伤时，作为急救处理措施，将其进行冷却是最为重要的。这一措施要在受伤现场立刻进行。把受伤部位放在干净且流动缓慢的冷水流中（温度一般在 10～20℃ 为宜，但要高于 4℃）冲洗 15min 以上，降低温度，避免灼伤继续进行，以舒缓痛楚。为了防止发生疼痛和损伤细胞，受伤后采用迅速冷却的方法，在 6h 内有较好的效果。对不便冷却洗涤的脸及身躯等部位，可用经自来水润湿的 2～3 条毛巾包上冰片，敷于烧伤面上。要注意经常移动毛巾，以防同一部位过冷。冷却时还要注意观察伤者，当发生寒颤时，则应停止进行。

在伤处肿起之前，除去伤处附近的指环、手表、腰带、鞋子或者其他束缚着伤处的衣物，但切勿脱去黏附着伤处的衣物。

对于中小面积烧伤，持续冷却是非常有效的急救方法。冷却之后创面皮肤未破损处可外涂烧伤药膏等。切勿弄破水疱或者剥去松脱的皮肤，以免感染。

若伤势严重，应立即把伤者送往医院治疗。

8.4.3　烫伤

烫伤是在处理热的物件（如三脚架、玻璃仪器、金属棒、坩埚或燃烧匙等）、热的液体、煤气灯的火焰或火柴时不小心而导致的意外。可用纯净冷水或冰块冷却伤处。

8.5　化学药品灼伤、冻伤

在取用化学药品、加热化学液体、清洗附有残余化学品的仪器、开启化学品容器或打破玻璃仪器等时，会发生化学品接触皮肤的意外。

1. 酸烧伤

皮肤上：立即用大量水冲洗，然后用 5%的碳酸氢钠溶液洗涤，再用清水洗净涂上甘油。若有水泡，则涂上紫药水。

眼睛上：抹去溅在眼睛外面的酸，立即用水冲洗，用洗眼器或橡皮管套上水龙头，用缓慢的水流对准眼睛冲洗后，用稀的碳酸氢钠溶液洗涤，最后滴入少许蓖麻油。

衣服上：若衣服上沾有浓硫酸，可先用棉花或干布吸取浓硫酸，再用稀氨水和水冲洗。

2. 碱烧伤

皮肤上：立即用大量水冲洗，然后用饱和硼酸溶液或 3%的乙酸溶液洗涤，再涂上药膏进行包扎。

眼睛上：抹去溅在眼睛外面的碱，立即用水冲洗，再用饱和硼酸溶液冲洗后，滴入少许蓖麻油。

衣服上：先用水冲洗，然后用 10%的乙酸溶液洗涤，再用氨水中和多余的乙酸，最后用水冲洗。

3. 溴烧伤

如滴在皮肤上，应立即用水冲洗，再用 1 体积 25%的氨水、1 体积松节油和 10 体积（75%）乙醇混合液涂抹。如果眼睛受到溴蒸气的刺激，暂时不能睁开眼睛，应对着盛有乙醇的瓶口尽力注视片刻。

4. 磷烧伤

先用水冲洗，然后用 2%的碳酸氢钠溶液浸泡，以中和生成的磷酸。再用 1%的硫酸铜溶液洗涤，使磷转化为难溶的磷化铜，再用水冲洗残余的硫酸铜，最后按烧伤处理，但不要用油性敷料。

5. 氢氟酸烧伤

先用水冲洗，然后用 5%的碳酸氢钠溶液洗涤，再涂上 33%的氧化镁甘油糊剂，或敷上 1%的氢化可的松软膏。

6. 酚烧伤

先用浸了甘油或聚乙二醇和乙醇混合液（7∶3）的棉花除去污物，再用清水冲洗干净，然后用饱和硫酸钠溶液湿敷。

皮肤上沾有酚，也可用 4 体积 75%的乙醇和 1 体积 1mol/L 的氯化铁溶液组成的混合液冲洗，但不可用水冲洗污物，否则有可能使创伤加重。

7. 砷中毒的急救

砷中毒常称砒霜中毒，生产加工过程中因吸入粉末、烟雾或污染皮肤中毒。

吸入者，应迅速脱离现场；皮肤沾污者，用温水、肥皂水充分洗涤。口服者，催吐，洗胃，送医院救治。

8. 冻伤的应急处理方法

化学实验室经常用到液氮、干冰等制冷剂。若操作不小心，易引发不同程度的冻伤事故。

冻伤对皮肤的损伤与冻伤的程度有关，轻度冻伤时，局部皮肤红肿并有不舒服的感觉，但经数小时或数日后即可恢复正常，皮肤损害处不留痕迹。中度冻伤时，伤及真皮浅层，冻伤处皮肤除红肿外，还产生水泡，伤处疼痛。重度冻伤时，已伤及皮肤全层，皮肤变黑，还会溃烂，伤口不易愈合，且愈合后皮肤留有痕迹。

冻伤的应急处理是尽快脱离现场环境，快速复温。这是处理冻伤效果最显著而关键的方法。即迅速把冻伤部位放入 37~40℃（不宜超过 42℃）的温水中浸泡复温，一般 20min 以内，时间不宜过长。在常温下，不包扎任何东西，也不要使用绷带，保持安静。

对于颜面冻伤，可用 37～40℃恒温水浸湿毛巾，进行局部热敷。在无温水的情况下或者冻伤部位不便浸水，如耳朵等部位，可将冻伤部位置于自身或救助者的温暖体部，如腋下、腹部或胸部，以达到复温的目的。

注意：不可做运动或用雪、冰水等进行摩擦取暖。

8.6　中　　毒

1. 食入中毒的现场应急处理

溅入口中而尚未咽下的毒物应立即吐出，用大量水冲洗口腔，如已吞下应据毒物性质服解毒剂，并立即送医院。

（1）催吐。对于神志清醒且食入的为非腐蚀品和非烃类液体的中毒者，一般可采取催吐方法。

（2）服用保护剂。当中毒者症状不适宜进行催吐时，如食入酸、碱之类腐蚀品或烃类液体，可服牛奶、植物油、蛋清、米汤、豆浆等保护剂，延缓毒物被人体吸收的速度并保护胃黏膜。

2. 吸入中毒的现场应急处理

通过呼吸道吸入有毒气体、蒸气、烟雾而引起呼吸系统中毒时，应让中毒者迅速脱离现场，将中毒者移至室外空气新鲜的地方，解开中毒者身上妨碍呼吸的衣物，保持呼吸道畅通。若因吸入少量氯气、溴蒸气而中毒者，可用碳酸氢钠溶液漱口，不可进行人工呼吸；一氧化碳中毒，不可施用兴奋剂。

8.7　化学实验室事故预防措施与处理能力

8.7.1　预防为主，做好应对准备

实验室安全工作应以预防为主，防患于未然。平时既要设法避免事故的发生，又要具有应对随时可能发生的意外事故的准备（包括提高思想意识、知识和技能等方面）。一旦发生紧急事故，应设法将人身伤害及财产损失降到最低。平时的准备工作主要表现在下述几方面。

1. 做好应对受伤的准备

进入实验室，实验者应认真学习实验室一些基本的急救知识，熟悉洗眼器的位置及使用方法，管理人员应定期检查和维护，每周应启用一次，避免管路中产生水垢。每个化学实验室内均应设置急救药箱，并放置在实验室显眼处及容易取

放的位置，所有实验室管理者和技术人员均应熟悉急救箱内药品的用途和使用方法。此外，急救箱应定期检查，确保所有建议放置的物品和设备数量充足，并保持良好的状态。

一般建议放置的实验室急救箱内的物品如下。

· 消毒剂，如乙醇等。

· 碘酒（碘酊）。

· 饱和碳酸氢钠溶液。

· 饱和硼酸溶液。

· 消毒药棉。

· 一次性的胶手套、口罩：可以防止施救者被感染。

· 消毒纱布：用来覆盖伤口。

· 胶布：纸胶布可以固定纱布，由于不刺激皮肤，适合一般人使用；氧化锌胶布则可以固定绷带。

· 各种不同型号的绷带：绷带具有弹性，用来包扎伤口，不妨碍血液循环。2寸（6.6cm）的绷带适合手部使用，3寸（9.9cm）的绷带适合脚部使用。

· 安全别针：固定三角绷带或绷带。

· 三角绷带。

· 镊子。

· 创可贴：覆盖小伤口时用。

· 棉花棒：用来清洗面积小的出血伤口。

· 烫伤膏。

· 剪刀。

急救箱内应附有急救物品一览表，以便核查。每个实验室均应放置一本急救手册，以供查阅。

2. 做好应对火警的准备

进入实验室，实验者应知晓灭火器和其他灭火器材的摆放位置，会正确使用灭火器材。了解基本的自救逃生办法，熟知疏散逃生通道，知晓报警电话，保持疏散通道的畅通，防火门应经常关闭。

安全管理人员应保证消防设施和消防器材的完好状态，制定消防应急预案，做好安全教育和消防演习，经常进行巡查，及时消除隐患。

3. 做好应对其他一些实验事故的准备

在进行实验前，准备充分对避免事故的发生至关重要，因此，应积极做好相关工作。

（1）实验前，要熟悉实验所用的仪器设备和化学试剂。

实验者在实验前或在进行实验方案设计时应知晓该实验所用试剂（尤其是剧毒、易燃、易爆危险品）的性质，对于不熟悉的化学试剂应查阅化学试剂手册，如果使用危险化学品，应查阅《危险化学品安全技术全书》、《常用危险化学品安全手册》等相关资料。不可盲目进行实验。

实验中使用危险化学品或进行具有一定危险性的实验时，应选择合适的场地，严禁在不具备防护条件的场所贸然进行实验。

对于实验用到的仪器设备，特别是电热设备和压力设备，实验前应检查其运行状态是否正常，性能和质量是否可靠。不可盲目选取设备进行实验。

（2）对可能发生的意外事故做好充分的准备。实验前，充分考虑实验潜在的危险性并制定相应的操作方法和安全防护措施。对于已知具有一定危险性的实验，不可单独一人操作或在附近无他人的情况下单独操作。

（3）熟悉实验室水、电、气阀门（开关）的位置，以便出现意外事故时能及时切断相应阀门（开关），防止事故蔓延。

8.7.2　一般紧急应变程序

发生火灾、爆炸等紧急事故时，首先应设法保护人身安全，在确保人身安全的情况下尽可能保护财产、实验记录等，并控制事故蔓延。

1. 出现火警

若发现自己所在实验室起火，不要慌乱，小火时应立即选用合适的灭火器材来灭火，大火或已危及生命时应尽快撤离（撤离前应争取切断电源、气源开关并关闭门窗），并立即报警。

若发现他人实验室起火，则应协助施救和报警。

若听见楼内火警警报，不要慌乱，应保持镇定，听从指挥。

2. 人身着火

身上着火时切勿奔跑。如果现场有灭火毯，立即用灭火毯裹住身体把火熄灭。

若现场有水源，如水龙头、洗眼器、喷淋器等，可向身上淋水灭火。

当没有外物借助时，可立即卧地滚动身体，以把火焰压灭。

3. 人身受伤

在紧急事故中若发生人身受伤，本人应设法向邻近人员求救，或给保安室、校医院拨打电话求救，或拨打 120 急救电话。

在确知自己能够完成准确的急救操作时，可对伤者进行恰当的应急处理。

在事故发生时周围的任何人都有义务立即协助救援，或护送伤者去医院救治。

4. 被困电梯内

由于发生火灾时，随时可能停电，所以切勿使用电梯。而若被困于电梯内时，可采取下列办法进行求救：立即按动电梯内的黄色报警按钮或利用对讲机与楼内保安中心联系求救；也可用手机拨打电梯内提供的救援电话或与楼内其他人员联系求救。若联系不上或无法报警时，可拍门叫喊，不可强行打开电梯门，破坏电梯易发生危险。应耐心等待，伺机救援。

5. 危险品泄漏

实验室若发生化学危险品泄漏，应告知同室人员，设法制止泄漏，如果涉及易燃液体或易燃气体，应首先关闭一切热源与火源，启动通风柜（易燃气体除外），打开窗户，关上实验室门，并寻求帮助。若情况严重时，应迅速离开现场，报警。

第9章 实验室废弃物的处理

高校实验室是学校从事教学、科研活动的主要场所,在实验室开展各类化学实验,涉及大量化学药品的使用和化学废弃物的排放,这些废弃物量少,但成分复杂多变,相当一部分具有较强的易燃性、易爆性或者毒性,如直接排入城市排水管网或江河或掩埋于地下,将对环境造成巨大的污染和危害。

化学实验室产生的废弃物主要包括有机和无机废液、废弃试验样品及存放化学品的容器等。通常从实验室排出的废液,虽然与工业废液相比在数量上是很少的,但是由于其种类多,加上组成经常变化,因而最好不要将其集中处理,而由各个实验室根据废弃物的性质,分别加以处理。为此废液的回收及处理自然就需依赖实验室中每一位工作人员。所以,实验人员应予足够的重视,疏忽大意固然不对,而即使操作错误或发生事故,也应避免排出有害物质。同样实验人员还必须加强环保意识,自觉采取措施,防止污染环境,以免危害自身或者危及他人。

9.1 实验室化学废弃物的危害

9.1.1 对人体的危害

化学废弃物对人体的危害主要有过敏、引起刺激、缺氧、昏迷和麻醉、中毒、致畸、致突变等。当某些化学废弃物和皮肤直接接触时,可导致皮肤保护层脱落,引起皮肤干燥、粗糙、疼痛,甚至引起皮炎;和眼部接触可导致轻微伤害、暂时性的不适甚至永久性的伤残等。危险化学废弃物对人体的伤害严重程度取决于中毒的剂量和采取急救措施的快慢。例如,如果人体慢性吸入苯,可引起头痛、头昏、乏力、面色苍白、视力减退和平衡失调;如果高浓度吸入会刺激鼻、喉,甚至死亡;高浓度苯蒸气对眼睛具有刺激,还会产生水疱;液体苯能溶解皮肤的皮脂使皮肤干燥。

含有重金属元素的危险化学废弃物随意排放经食物链进入人体,在相当长的一段时间内可能不表现出受害症状,但潜在的危害极大,如20世纪50年代日本熊本县水俣市发生的震惊世界的公害事件。当地的许多居民都出现运动失调、四肢麻木、疼痛等症状。人们把这种病称为水俣病。经考察发现,一家工厂排出的废水中含有甲基汞，使鱼类受到污染。人们长期食用含高浓度甲基汞的鱼类，引起中毒而发病。该事件造成上千人死亡。

9.1.2　对环境的危害

化学废弃物若随意排放，不但使环境直接受到严重污染，环境状况日益恶化，而且有些化学废弃物在环境中经化学或生物转化形成二次污染物，其危害更大。随意排放的废液直接进入水体，或通过渗透作用经土壤到达地下水，就造成水质污染。有害废液中的有害成分被土壤吸附，可导致土壤成分和结构的改变及其生长植物的污染，以致无法耕种。

含有氮和磷的废液进入水体后会使封闭性湖泊、海湾形成富营养化，造成浮游藻类大量繁殖、水体透明度下降、溶解氧降低，从而威胁鱼类生存、水质发臭出现赤潮。鸟类吃了含有杀虫剂的食物，产卵减少，蛋壳变薄而很难孵出小鸟，一些鸟类甚至濒临灭绝。氰化物等有害物质可严重污染江河湖泊，使水质恶化，对鱼类危害更大。当水中氰化物浓度达到 0.5mg/L 时，在 2h 内鱼类会死亡 20%，一天内全部死亡。

9.2　实验室化学废弃物目前存在的客观情况

近年来，随着高等教育的发展和高校科技创新能力的提升，高校实验室的化学教学和科研实验活动日益频繁，化学试剂的用量和实验废弃物的排放量也相应地迅速增长。高校化学实验室产生的污染物的种类多，所以排放的污染物成分相当复杂。根据污染物的形态，分为废气、废水、废渣，即常说的"三废"。这些有毒的气体、液体、固体，如果管理和处置不当，不但会污染空气、水源和土壤，破坏生态环境，而且还会对人体安全与健康造成伤害。

9.2.1　种类繁多

据不完全统计，全国近千所本科院校中设有化学、化工类专业实验室达 700 余所，另外还有生物类、医学类、药学类等专业实验室，这些实验室不仅承担着培养人才的任务，还承担了大量的学生实验和科学研究，在教学及科研过程中，实验室自然会产生废液、废渣和废气等废弃物，这些废弃物虽然量少，但不能因为量少就认为其没有危害。另外，由于其所使用的化学药品种类繁多、组成复杂、变化大，特别是对于科学研究，由于内容的不断变化，使用的药品种类不断增加和变化，带来的废液处理的难度也在不断增加。例如，从北京大学、湖南大学、首都师范大学、南京理工大学的化学实验教学中心的理论统计数据看，所用化学试剂的品种分别为 294 种、224 种、178 种和 341 种。

9.2.2　数量巨大

以南京理工大学为例，该校每年产生的化学空容器瓶近几年都在 8t 左右，试剂空瓶近 3.5 万个。按每个空瓶可装试剂 500g 计算，该校每年所消耗的化学试剂就达近 17t。根据统计，目前一个高校的化学空容器（废渣）与废液加起来，基本都会在 5t/a 以上，再加上废气，那么全国高校实验室的化学废弃物数量非常惊人。

9.2.3　废弃化学试剂的处理方式

目前高校处置废液的方式基本相同。一般方法是，分类收集实验废液，收集后暂存在实验室，每年在几个固定的时间，由有资质的处理公司集中将各实验室的废液运到有资质的废弃物处理公司处理。但由于处理公司收集废弃化学品的周期比较长，对废弃化学品的收集还具有一定的选择性，费用较高，而高校所使用的化学试剂品种多，不断产生的废物、废液无处存放，所以，学生对化学实验过程中所产生的废液、废物等，往往都采取一种放任的态度，向下水道直接排放。

9.3　实验室污染的特点

实验室污染有以下三个特点。

（1）间歇性。有实验时有，无实验时无或减少。

（2）复杂性。即使是同一个实验也会排出多种污染物，不像工厂那样单一，这样就给废弃物处理带来困难。

（3）对人的作用强烈。实验人员距离污染源近，接受污染物的浓度要远远大于室内的平均浓度。所以，实验中或实验后出现明显中毒症状的师生屡见不鲜。

9.4　实验室污染物的分类

实验室污染物根据污染物形态可分为废气、废液、固体废弃物三类。

9.4.1　废气

实验室排放的废气包括挥发性试剂和样品的挥发物、分析过程中间产物、泄漏和排空的标准气等，包括酸雾、甲醛、苯系物、各种有机溶剂等常见污染物和汞蒸气、氩气等较少遇到的污染物。

9.4.2　废液

废液是高校实验室"三废"中量最多，最不易处理的。它不仅种类复杂，而且处理成本高、操作困难，另外与工业废液相比，还存在较多问题，如高校实验的学生，流动性大且人数多，实验废液排放难以管理。目前高校，尤其是学生对废液最常见的处理方法就是直接倾倒。

实验室产生的废液包括多余的样品、标准曲线及样品分析残液、失效的储藏液和洗液、反应后产生的液体、大量洗涤水等。实验中的有机试剂用作溶剂时，往往用量大，因此排放量十分可观。如不对废弃的有机溶剂进行妥善处理，将对周围环境产生极大的不良影响，甚至危及人的生命。

9.4.3　固体废弃物

根据"三废"的分类标准，废渣是指固体废弃物。实验室产生的固体废弃物种类繁多，包括多余的实验样品、反应产生的沉淀残渣、有毒或低毒的试剂瓶、消耗或破损的实验用品（如纱布、试纸、滤纸、玻璃器皿、包装材料等），还有失效的实验药品和实验副产品等。实验室固体废弃物的组成十分复杂，有些是过期失效的强氧化、强还原或者强腐蚀性的化学试剂，有些是易燃性固体废弃物，如果处置不当，很容易引起安全事故，并带来严重的环境污染。

9.5　造成化学实验室环境污染的主要因素

9.5.1　缺乏实验室环保意识

（1）一些教学实验内容较陈旧，仍然采用一些毒性大、污染严重、难以处理的试剂进行实验。

（2）实验过程中，学生对"三废"认识不够，操作不规范，如常见的试剂和药品过量使用，除造成浪费外，还增加"三废"污染物的排放。

（3）一些高校对实验后的污染物的治理即高校废弃物的后期治理没有明确要求和严格把关。例如，在实验过程中将废液直接倒入下水道、随手丢弃杂物或将废气直接排放到大气中等违规操作。

对此师生均应提高环保意识。高校学生是实验室的主力军，无论是教学实验，还是科研实验，学生都是主体，因此，培养学生的环保意识至关重要，当然，教师也要做好榜样和示范。教师和实验技术人员首先要改变传统的思想观念，在实验室的管理和运作中体现绿色化学的思想，提倡绿色化学实验教学，同时在实验教学中提高学生的科学素养与环保意识，熟悉各种废弃物排放标准以及常规的处理方法。

9.5.2　实验室污染治理设施不完善

目前实验室普遍采用通风橱和抽气设备来减轻实验室内的污染。由于通风橱的数量缺少，而且空间小，只有少数实验可以在通风橱内进行，大多数实验还是在实验室敞开操作。在进行实验操作中，加装试剂时会因为敞口使试剂逸出，大量逸出的试剂会在室内聚集，造成污染。实验室虽有通风橱和抽风设备，但效果甚差，不能达到有效消除或减弱污染的目的。再者，通常实验室中直接产生有毒、有害气体的实验都要求在通风橱内进行，这固然是保证室内空气质量、保护实验人员健康安全的有效办法，但也直接污染了环境空气。

9.5.3　实验室布局不合理

许多高校由于基础设施缺少，将实验室与教室安排在一起，往往是一层为实验室，二、三层等为教室，实验室空气经换气扇等排出，不仅影响附近学生的健康，而且造成环境污染。

9.5.4　缺乏对实验室的监管

有些实验室缺乏科学的管理，在药品的管理以及实验过程管理上存在很大漏洞。例如一次性采购过多的实验药品、实验中超量取用药品等，致使实验室每年都会产生大量的过期试剂和废弃物。尽管国家有关水污染防治的法律法规早已出台多年，实验守则上也明确规定实验后要将实验废液倒入盛放废液的容器中，然后集中处理，但是真正将实验废液倒入盛放废液的容器中并对废液真正进行处理的实验室仍很少。收集的废液应该如何处置？自行处置，比较麻烦，收集起来转移到有关部门处理，不仅分类收集、储存麻烦，转移到专业处理实验废液的部门，还要交不菲的处理费。所以最简单省事的办法是直接倒入下水道，或将废气直接排放到大气中。出现这种状况，与实验室人员环保意识不强、没有认识到化学废液污染环境的危害有关，也与实验室缺少废液处理设备、废液回收渠道不畅以及缺少政府部门的监管有关。

2004 年发布的《国家环境保护总局办公厅关于加强实验室类污染环境监管的通知》，2005 年发布的《教育部　国家环保总局关于加强高等学校实验室排污管理的通知》，将高校实验室纳入到环境监管范围内。但是，高校化学类实验室对产生的废弃物的处理仍然是环境部门监控的盲点。目前，我国还没有出台专门针对各类实验室污染控制方面的法规和条例，有些高校制定了相关实验室废弃物管理制度，对实验室排污有原则性的要求，却缺乏具体的可操作的管理规定和措施，致使废弃物管理工作难以真正落到实处；而另一些高校则对实验室废弃物处理问题重视不够，管理制度不够健全，在实验室的各种规章制度中，看不到实验室废弃物相应的处理措施，导致实验废弃物随意丢弃。

9.6　实验废弃物的管理办法与安全预防措施

高校实验室"三废"主要来源于实验或科研后的废弃物，而对环境造成严重污染的原因主要是疏于管理，缺乏重视。鉴于此，对"三废"的防治，应提倡和重视"源头治理"和"预防为主、综合治理"的理念。

治理"三废"固然很重要，但要避免"三废"造成的污染，必须采取"预防为主，防治结合"的原则，防是重在管理，管理是重在制度的制定和执行；治是重在技术，技术是重在操作和方法的改进和优化。实验室"三废"的预防管理，预防就是避免发生，要避免发生就要加强管理。要解决好高校实验室"三废"问题，就要重视实验室管理理念，建立、健全管理体系和机构，实施有效的实验室管理。

9.6.1　增强法治观念

2005 年教育部、国家环保总局联合下发《教育部　国家环保总局关于加强高等学校实验室排污管理的通知》，对"规范和加强高校实验室排污管理工作，防止实验室废物污染危害环境"提出了要求，目前实验室废弃物的管理已经引起各大高校的重视，部分高校制定了实验室废弃物安全管理实施细则以及实验室废弃物安全处置流程等相关规章制度，组织相关人员学习《中华人民共和国固体废物污染环境防治法》、《中华人民共和国环境保护法》等相关法律条文，明确相关义务与责任。例如，南京大学 2005 年发布了《南京大学实验室排污管理暂行规定》，从实验废弃物的界定、收集、包装、标签、运输、储存、转移到人员责任和经费预留，都有非常明确的要求。有些高校已经制定相关的实验室废弃物的管理细则，以及实验室废弃物的回收处理制度。也有不少高校还停留在文件精神的学习上，既没有落实文件精神，更没有制定相关文件制度。

9.6.2　强化安全环保意识

高校教师是实验室的使用者和管理者，学生是实验室的主体，培养学生的绿色环保意识非常重要，教师和实验技术人员在实验室的管理中要体现绿色环保的思想，提倡绿色实验教学的理念，将各种废弃物排放标准以及常规的处理方法贯穿其中。例如，云南民族大学化学与环境学院从新生入学教育参观实验室开始，对他们进行实验室安全环保教育，开展实验室安全环保知识竞赛，以及内容广泛的环保宣传教育活动，帮助他们树立绿色化学的思想，使对"三废"的管理人人重视、人人参与。不管是在实验教学过程中，还是日常的学习交流活动中，都要强调和重视废弃物的回收和排放原则，让每个学生和教师增强环保意识，让每一位学生和教师都能投入到环保活动中来。

9.6.3　以预防为主，防治结合，从源头抓起

"三废"的治理要从源头抓起，从实验内容上优化原有的实验，减少废弃物的产生，从源头上杜绝"三废"污染源。创建绿色实验教学体系，探索实验室废弃物最小化途径。

1. 采用无毒、低毒实验

对于实验项目的选择，应在满足教学大纲要求的基础上，优化原有的实验，充分考虑试剂和产物的毒性及整个实验过程所产生的"三废"对环境的污染情况。尽量排除或减少对环境污染大、毒性大、危险性大、"三废"处理困难的实验项目，选择低毒、污染小且后处理容易的实验项目。为此，对学生实验尽可能使用无毒、无害或低毒、低害的试剂，来替代毒性大、危害严重的试剂，在能保证达到教学和科研目的的前提下，设计实验项目时首选毒性小的药品的实验方法。

另外，对科研实验也要从源头上进行严格控制和把关。对于由实验或科研中必然产生的"三废"，采取"分类收集，集中处理"的原则，贯彻"三废"的"源头治理"的理念。"分类收集，集中处理"就是在实验室外放置各类废物回收箱，各类实验室产生的"三废"按类别分别置放于统一规定的回收箱中，最后由实验中心定期集中统一处理。实验室盛装废液的容器应不易破损、变形和老化并能防

止渗漏、扩散。废液盛装容器必须贴有标签并标明废液的名称、质量、成分、时间等。平时教育学生养成处理废物的良好习惯，不要随便丢放，要倒入指定的专用废物箱中。集中处理要有专人负责，及时收集、清理，定期集中处理，还要对实验室收集的"三废"种类、数量、时间进行登记，以便查对。

2. 大力推广微型化学实验

微型化学实验是近 20 年来在国内外发展很快的一种化学实验新方法、新技术。微型化学实验是在实验操作技术中以尽可能少的试剂，即化学试剂用量是常规用量的约 1/10，甚至更少来获取所需的化学信息的实验方法，它不仅具有节约实验材料和时间、减少污染、测定速度快、操作安全等特点，而且可降低水、电的消耗。对药品贵、耗量大、污染严重、操作复杂的实验尤为重要，也便于实验室管理和减轻末端实验室"三废"处理的压力。微型化学实验不是常规实验的简单微缩，也不是对常规实验的补充，更不是与常规实验的对立。它是在绿色化学思想下用于预防化学污染的新实验思想、新方法和新技术对常规实验进行改革和发展的必然结果。例如，云南民族大学化学与环境学院已采用微型化学实验教学多年，效果良好，药物使用量节省了 50%，从而大大减少了实验室污染。

3. 采用计算机模拟化学仿真实验

采用计算机模拟化学仿真实验也是减少废弃物排放的有效手段，特别是对于那些药品消耗量大或易燃易爆、操作不易控制或必须使用较多有毒有害试剂的实验，则更具有其优越性。优秀的多媒体化学实验软件可对实验原理、仪器、装置、流程、药品、实验过程及实验现象等做出详尽的描述，并使用文字、声音、图像、动画等效果，让学生有身临其境的感觉，使学生在轻松愉快的环境中既学会了实验原理和实验方法，又观察到实验现象和操作，而且自始至终不会危害身体健康，不会造成环境污染。这可大大降低实验室废弃物的产生量，既环保安全，又经济实用。

对不得已必须排放的废弃物应根据其特点，做到分类收集、存放，集中处理。处理方法不但要简单易操作、处理效率高、投资小，而且要尽最大可能使其被综合利用。无法循环利用的，进行无害化处理后按环保要求进行处理。

9.6.4 建立行之有效的管理制度

实验室是教师和学生工作的地方，规范的管理、绿色的环境是教学和科研工作顺利进行的保障。在有关法律法规的指导下，制定一些相关规定，包括环境管理制度和管理原则，如实验室一般危险化学品的领用规定、实验室危险化学品的管理规定、实验室易制毒化学品的管理和领用规定、化学实验整体优化原则、化学药品及仪器使用程序化原则、实验操作指导、废弃物回收处理操作指导、环境监测制度、评估与考核制度等。这些制度与管理不但要落实到实验教学和科研过程中，还要结合自己实验室特点，编写相配套的、实用的制度，并且编制成学生实验守则，放在实验室醒目的地方，使实验室工作人员和学生都有章可循，而不是处于"盲目无知"的状态。

对实验废弃物从源头上加以控制，在使用中予以跟踪，建立废弃物收集、分类存放和回收处理的管理制度，根据废弃物的特性，分类集中，定期处理，对剧毒废弃物要及时处理，借鉴国内外高校的管理经验，一般遵循以下原则：①不得随意堆放，严禁混入到生活垃圾中和倒入下水道里；②专人负责，分类收集，定点存放，统一处理。

有了健全的制度，实验室技术人员着手进行实验室废弃物的分类收集管理，使实验废弃物的安全管理走上正轨，不仅保证了师生的健康，还可杜绝意外事故的发生，给实验室一个良好的环境和秩序。

9.6.5　设立废弃物处理专项资金

长期以来，高校领导对教学和科研工作关注度高，对实验室工作的重视程度不够，对实验室废弃物的治理工作支持力度小，下拨经费不足或者没有经费支持。《中华人民共和国固体废物污染环境防治法》明确规定，产生危险废物的单位，应当按照国家有关规定和环境保护标准要求贮存、利用、处置危险废物，不得擅自倾倒、堆放。废物管理处置不当已经严重威胁到环境和公众健康，处理实验室废弃物的工作势在必行。高校作为人才教育基地，积极主动地为创造良好的自然环境做出表率，承担一定的社会责任。由于高校大多不具备处理种类繁多的实验废弃物的能力，废弃物的处理需要借助社会的力量。目前有资质处理这些实验废弃物的企业少，收费相对高，高校不仅要提供足够的经费处理实验废弃物，还要协调有关部门回收相应的实验废弃物，确保高校实验过程中产生的实验废弃物都能得到及时的、合理的处置。例如，中山大学已经全额负担实验室化学废弃物回收处置所需的相关费用，化学废弃物的回收处置费用从 2011 年的 80 余万元增长至2019 年的 500 余万元。

9.7　化学实验室常见废弃物的处理方法

实验室排放的废水主要由实验后的余液、实验容器的洗涤液和少量的生活污水组成，具有数量小、成分多、浓度低、不稳定的特点。按其成分分类主要有无机废水、有机废水和生化废水，其中无机废水中对环境污染较大的主要成分有重金属如 Cr（Ⅵ）、Pb^{2+}、Cd^{2+}、Hg^{2+}，以及氰化物、砷化合物、废酸、废碱和其他无机离子等。有机废水中对环境污染较大的主要成分是酚类、硝基苯类、苯胺类、多氯联苯、醚类、有机磷化合物、石油类、油脂类及废弃的有机溶剂等物质。实验室废水往往既含有无机污染物又含有机污染物，针对不同性质的废水，应采取相应的措施进行无害化处理。

实验室废液按污染程度也可分为高浓度和低浓度废液。高浓度实验室废液主要为液态的失效试剂（如废洗液、废有机溶剂、废试剂等）、液态的实验废弃产物或中间产物（如各种有机溶剂、离心液、液体副产品等）；低浓度实验室废液指实验过程中排放的浓度与毒性较低的实验用水，以及各种洗涤液，如产物或中间产物的洗涤液，仪器或器具的润洗液和洗涤废水，毒性小、浓度低的废试液等。

实验室废液处理的主要方法如下。

（1）絮凝沉淀法：此类方法适用于含重金属离子较多的无机化学实验室废液。

（2）硫化物沉淀法：此类方法是针对含有汞、铝、镉等金属比较多的实验室废液。

（3）氧化还原中和沉淀法：此类方法多适用于含有六价铬或具有还原性的有毒物质如氰根离子等，以及一些金属的有机化合物。

（4）活性炭吸附法：活性炭吸附法多用于去除用生物或物理、化学法不能去除的微量呈溶解状态的有机物。实验室的有机废液含有大量试验残液和废溶剂，其主要成分为烷烃类、芳香类以及能使液面表面自由能降低很多的物质，且废水浓度高、量小、呈酸性，很适合用活性炭吸附处理。处理工艺流程为先经过简单分离把废水中的有机相分离出来，再经过活性炭二级吸附，COD 的去除率可达到93%，同时活性炭还可吸附部分无机重金属离子。

9.8　无机类实验废液的处理方法

9.8.1　废酸、废碱

一切不溶性固体物质或浓酸、浓碱废液，严禁倒入下水道，以防堵塞和腐蚀水管和污染环境。实验室对酸碱的使用较为频繁，且用量相对很大，因此通常把废酸废碱分别集中回收保存，如 HCl、NaOH 溶液集中回收后可再配制一些高浓度的 HCl、NaOH 溶液，也可以用于处理其他废弃的碱性、酸性物质。最后用中和法使其 pH 值达到 5.8～8.6，如果此废液中不含有其他有害物质，则可加水稀释至含盐浓度在 5%以下排放。

我国国家标准 GB 8978—1996《污水综合排放标准》中对能在环境或动植物体内蓄积，对人体产生长远影响的污染物称为第一类污染物，对它们的允许排放浓度做了严格的规定（表 9-1）。对于长远影响小于第一类污染物的称为第二类污染物，根据排入水域的三种级别对挥发酚、氰化物、氟化物、生化需氧量、化学耗氧量等 20 种污染物规定了最高允许排放浓度。

表 9-1　第一类污染物的最高允许排放浓度

污染物	最高允许排放浓度（mg/L）	污染物	最高允许排放浓度（mg/L）
总汞	0.05（烧碱行业采用 0.005mg/L）	总砷	0.5
烷基汞	不得检出	总铅	1.0
总镉	0.1	总镍	1.0
总铬	1.5	苯并芘	0.00003（试行标准，二、三级）
六价铬	0.5		

对于废水中污染物浓度较低、废水量少的一般性废水或污染物浓度略高于《污水综合排放标准》中规定的二级标准的废水，可直接用自来水、实验室刷洗水或其他不含该类污染物质的废水进行稀释，使废水中污染物浓度低于《污水综合排放标准》中二级标准后，直接排入下水道。

9.8.2　废气

对于无毒害的或少量有毒气体，可直接通过通风设施排出室外。对于有毒有害的气体，必须针对不同的性质经过吸收处理后才能排放。例如，对于碱性气体（如 NH_3）用回收的废酸进行吸收处理，对于酸性气体（如 SO_2、NO_2、H_2S 等）可用回收的废碱进行吸收处理。另外，在水或其他溶剂中溶解度特别大或比较大的气体，只要找到合适的溶剂，就可以把它们完全或大部分溶解吸收。对于部分有害的可燃性气体，在排放口点火燃烧消除污染。

化学实验室空气的净化如下。

（1）通风。通常实验室内空气污染物的浓度要比室外高得多，改善实验室内的通风设施，加强通风换气能有效降低实验室内空气污染物的浓度，改善实验室内的空气质量。根据实验室内污染物发生源的大小、污染物种类及其产生量的多少，可以决定采用全面通风还是局部通风，以及通风量的大小。通风形式可以通过渗漏、自然通风、强制或机械通风来完成。

（2）吸附。吸附是一种常用的气态污染物净化方法，它是将废气与大表面、多孔而粗糙的固体物质相接触，废气中的有害成分积聚或凝缩在固体表面达到净化气体的一种方法。对于低浓度废气的处理和高净化要求的场合，吸附技术是一种有效且简便易行的方法。

9.8.3 废弃重金属

对于实验后未完全反应的金属单质，可以洗涤干燥直接回收以供下次实验继续使用。废弃金属离子溶液，尤其是废弃重金属离子溶液，以实验室现有的条件，较简便的重金属回收方法是利用碳酸盐、硫酸盐、盐酸盐以及石灰等具备直接沉淀的性质将金属离子以氢氧化物的形式沉淀分离。然后统一回收，交予专业的化学废弃物处理厂家处理回收。

1. 含铬废水的处理

含铬废水是实验室中常见的一种废水，实验室中大量使用的铬酸洗液以及实验中产生的含铬废水为其主要来源，其中尤以含 Cr（Ⅵ）废水毒性最大。在实验室中可采取将 Cr（Ⅵ）转化为 $Cr(OH)_3$ 的方法消除其毒性。

（1）原理。

在酸性条件下，向含铬废水中加入还原剂（常用还原剂见表 9-2），先将 Cr（Ⅵ）还原为 Cr^{3+}，然后加入碱（如氢氧化钠、氢氧化钙、碳酸钠、石灰等），调节废水 pH 值，使 Cr^{3+} 生成 $Cr(OH)_3$ 沉淀，清液可直接排放，沉淀经脱水干燥后或综合利用，或用焙烧法处理，使其与煤渣和煤粉一起焙烧，处理后的铬渣可填埋。一般认为，将废水中的铬离子形成铁氧体（使铬镶嵌在铁氧体中），则不会有二次污染。

$$4H_2CrO_4 + 6NaHSO_3 + 3H_2SO_4 \longrightarrow 2Cr_2(SO_4)_3 + 3Na_2SO_4 + 10H_2O \quad (9\text{-}1)$$

$$Cr_2(SO_4)_3 + 6NaOH \longrightarrow 2Cr(OH)_3\downarrow + 3Na_2SO_4 \quad (9\text{-}2)$$

表 9-2　可用作还原铬化合物的还原剂及 H_2SO_4 还原 1g CrO_3 理论上需要的量（g）

还原剂	还原剂用量	H_2SO_4 用量
Fe	0.56	2.94
$Fe_2(SO)_3 \cdot 7H_2O$	8.43	2.94
Na_2SO_3	1.89	1.47
$NaHSO_3$	1.56	0.74
SO_2	0.96	—

若 pH 值在 3 以下，反应（9-1）在短时间内即进行完成。如果使反应（9-2）在 pH 值 7.5～8.5 范围内进行，则 Cr（Ⅲ）即以 $Cr(OH)_3$ 形式沉淀析出。但是，如果 pH 值升高，则会生成 $[Cr(OH)_4]^-$，沉淀会再溶解。

（2）操作步骤。

（ⅰ）于废液中加入 H_2SO_4，充分搅拌，调整溶液 pH 值在 3 以下（采用 pH 试纸或 pH 计测定。对铬酸混合液类废液，已是酸性，不必调整 pH 值）。

（ⅱ）分次少量加入 $NaHSO_3$ 晶体，至溶液由黄色变成绿色为止，要一面搅拌一面不断加入（如果使用氧化-还原光电计测定，则很方便）。

（ⅲ）除 Cr 以外还含有其他金属时，确证 Cr（Ⅵ）转化后，作为含重金属的废液处理。

（ⅳ）废液只含 Cr 时，加入浓度为 5%的 NaOH 溶液调节 pH 值至 7.5～8.5（注意：pH 过高沉淀会再溶解）。

（ⅴ）放置一夜，将沉淀过滤出并妥善保存（如果滤液为黄色时，要再次进行还原）。

（ⅵ）对滤液进行全铬检测，确证滤液不含铬后才可排放。

Cr（Ⅵ）的分析：定性分析采用二苯基碳酰二肼试纸或检测箱进行检测，定量分析则用二苯基碳酰二肼吸光光度法和原子吸收光谱分析法进行测定。但要注意铜、镉、钒、钼、汞、铁等离子的干扰。

全 Cr 分析：用高锰酸钾氧化 Cr（Ⅲ）使之变成 Cr（Ⅵ），然后进行分析。

（3）注意事项。

（ⅰ）要戴防护眼镜、橡胶手套，在通风橱内进行操作。

（ⅱ）把 Cr（Ⅵ）还原成 Cr（Ⅲ）后，也可以将其与其他重金属废液一起处理。

（ⅲ）铬酸混合液是强酸性物质，所以要把它稀释到约 1%的浓度之后再进行还原。并且待全部溶液被还原成绿色时，查明确实不含六价铬后，才能按操作步骤进行处理。

（ⅳ）除上述处理方法外，还有用强碱性阴离子交换树脂吸附 Cr（Ⅵ）的方法。即使废液含铬浓度较低此法也很有效。

2. 含铅、镉废水的处理

含铅、镉废水也是实验室中常见的有毒废水，在水中多以 Pb^{2+}、Cd^{2+} 的形式存在，一般也是采取生成难溶氢氧化物的方法消除其毒性。向含铅、镉废水中加入碱或石灰乳，调节溶液的 pH 值为 8～10，废水中的 Pb^{2+}、Cd^{2+} 可生成 $Pb(OH)_2$ 和 $Cd(OH)_2$ 沉淀，加入硫酸亚铁作为共沉淀剂，可提高沉淀的效果，沉淀物可与其他无机物混合进行烧结处理，清液可排放。

1）镉的处理方法（氢氧化物沉淀法）

（1）原理。

用 $Ca(OH)_2$ 将 Cd^{2+} 转化成难溶于水的 $Cd(OH)_2$ 而分离。

$$Cd^{2+} + Ca(OH)_2 \longrightarrow Cd(OH)_2 \downarrow + Ca^{2+}$$

当 pH 值在 11 附近时，$Cd(OH)_2$ 的溶解度最小，因此调节 pH 值很重要。但是，若有金属离子共沉淀时，那么，即使 pH 值较低也会产生沉淀。

（2）操作步骤。

（ⅰ）在废液中加入 $Ca(OH)_2$，调节 pH 至 10.6～11.2，充分搅拌后放置。

（ⅱ）先过滤上层澄清液，然后再过滤沉淀。保管好沉淀物。

（ⅲ）检查滤液中确实不存在 Cd^{2+} 时，把它中和后即可排放。

（3）分析方法。

定性分析用镉试剂试纸法或检测箱进行检测，定量分析则用二苯基硫巴腙（即双硫腙）吸光光度法或原子吸收光谱分析法进行测定。

2）铅的处理方法（氢氧化物共沉淀法）

（1）原理。

用 $Ca(OH)_2$ 将 Pb^{2+} 转化成难溶于水的 $Pb(OH)_2$，然后使其与凝聚剂共沉淀而分离。

$$Pb^{2+} + Ca(OH)_2 \longrightarrow Pb(OH)_2 \downarrow + Ca^{2+}$$

为此，首先把废液的 pH 值调到 11 以上，使之生成 $Pb(OH)_2$。然后加入凝聚剂，继而将 pH 值降到 7～8，即产生 $Pb(OH)_2$ 共沉淀。但如果 pH 值在 11 以上，则生成 $HPbO_2^-$ 而沉淀会再溶解。

（2）操作步骤。

（ⅰ）在废液中加入 $Ca(OH)_2$，调整 pH 值至 11。

（ⅱ）加入 $Al_2(SO_4)_3$（凝聚剂），用 H_2SO_4 慢慢调节 pH 值，使其降到 7～8。

（ⅲ）把溶液放置，待其充分澄清后即过滤，检查滤液不含 Pb^{2+} 后，即可排放。

（3）分析方法。

定量分析用二苯基硫巴腙吸光光度法或原子吸收光谱分析法进行测定。

（4）注意事项。

（ⅰ）除上述处理方法外，还有硫化物沉淀法（其生成的硫化物溶解度较小，但因形成胶体微粒而难以分离）、碳酸盐沉淀法（生成的沉淀微粒细小，分离困难）、吸附法（使用强酸性阳离子交换树脂，几乎能把它们完全除去）。

（ⅱ）碱性试剂也可以用 NaOH，但是由于生成微粒状沉淀而难以过滤，所以用 $Ca(OH)_2$ 较好。

3. 含汞废弃物的处理

实验室中含汞废弃物包括单质汞和含汞废水。单质汞一般是由于操作不慎将压力计、温度计打碎或极谱分析中将汞撒落在实验台、水池、地面上等，汞的蒸气压较大，生成的汞蒸气具有较大的毒性，此时，要注意实验室通风，并注意及时用滴管、毛刷等尽可能地将其收集起来，并置于盛有水的烧杯中，对于撒落在地面难以收集的微小汞珠应立即撒上硫磺粉，小心清扫地面，使这些微小的汞珠与硫磺尽可能接触，硫磺将被吸附在汞珠的表面并生成毒性较小的硫化汞。

含汞废水可采用硫化物共沉淀法处理。首先将废水的 pH 值调至 pH 8～10，然后加入过量硫化钠，使其生成硫化汞沉淀。再加入硫酸亚铁作为共沉淀剂，与过量的硫化钠生成硫化铁，生成的硫化铁沉淀将悬浮在水中难以沉降的硫化汞微粒吸附而共沉淀，由于生成的硫化汞沉淀的溶度积极小，仅为 1.6×10^{-52}，因此，经过静置、沉淀分离或经离心过滤后的上层清液的 Hg^{2+} 浓度将远低于排放标准，可直接排入环境中，沉淀用专用容器储存，待一定量后可用焙烧法或电解法回收汞或制成汞盐。对于有机汞的废水，其毒性较无机汞更大，可加入浓硝酸及 6% 的 $KMnO_4$ 水溶液，加热回流 2h，待 $KMnO_4$ 溶液的颜色消失时，把温度降到 60℃ 以下，然后加入适量的 $KMnO_4$ 溶液，再加热溶液。使有机汞完全消化为 Hg^{2+}，然后再按上述方法处理。

4. 含砷废水的处理

在含砷废水中加入 $FeCl_3$，使 Fe/As 达到 30～50，然后用消石灰调节并控制废水 pH 值为 7～10，并进行搅拌，静置过夜，使废水中的砷生成砷酸钙和亚砷酸钙沉淀而除去。加入的 $FeCl_3$ 可起共沉淀作用，从而提高沉淀的效果。也可将含砷废水 pH 值调至 10 以上，加入硫化钠，与砷反应生成难溶、低毒的硫化物沉淀。为防止在处理含砷废水过程中可能产生的少量含砷气体对人体的危害，处理过程中应注意实验室通风，少量废水的处理可在通风橱中进行。

（1）操作步骤。

（ⅰ）废液中含砷量大时，加入 $Ca(OH)_2$ 溶液，调节 pH 至 9.5 附近，充分搅拌，先沉淀分离一部分砷。

（ⅱ）在上述滤液中，加入 $FeCl_3$，使 Fe/As 达到 50，然后用碱调节 pH 至 7～10，并进行搅拌。

（ⅲ）把上述溶液放置一夜，然后过滤，保管好沉淀物。检查滤液不含砷后，加以中和即可排放。此法可使砷的浓度降到 0.05ppm（ppm 为 10^{-6}）以下。

（2）分析方法。

定量分析有铁共沉淀、浓缩—溶剂萃取—钼蓝法。

（3）注意事项。

（ⅰ）As_2O_3 是剧毒物质，其致命剂量为 0.1g。因此，处理时必须十分谨慎。

（ⅱ）含有机砷化合物时，先将其氧化分解，然后进行处理（参照含重金属有机类废液的处理方法）。

5. 含氰废水的处理

氰化物及其衍生物都是剧毒类物质，CN^- 具有极好的配位能力，是实验室中常用的配合剂。对于含氰废水可采取配位法消除其毒性。在废水中加入消石灰，调节 pH 值至 8～10，加入过量的浓度约为 10%的硫酸亚铁或硫酸铁溶液，搅拌、放置，生成的 $[Fe(CN)_6]^{4-}$ 或 $[Fe(CN)_6]^{3-}$ 配离子非常稳定，其稳定常数分别为 3.16×10^{34}、3.98×10^{43}，已基本失去毒性，处理后的废水可直接排放而不会污染环境，或加入 $FeCl_3$ 使之生成普鲁士蓝沉淀予以回收，这是一种简单易行的处理方法。处理含氰废水时应特别注意，废液应始终保持为碱性，切不可误与酸混合，否则，有可能生成挥发性的氰化氢气体逸出，造成中毒事故。

此外，也可采用漂白粉法去除废水中的 CN^-，此法是利用 CN^- 的还原性，控制废水的 pH 9.5～10.5，再加入过量的漂白粉或次氯酸钠溶液，搅拌、放置，使 CN^- 氧化为 CNO^- 并分解为无毒的 N_2 等。氧化反应分两步进行，第一步是剧毒的氰化物被氧化成毒性相对较低的氰酸盐：

$$CN^- + ClO^- \longrightarrow CNO^- + Cl^-$$

第二步是氰酸盐被进一步氧化成 CO_2 和 N_2：

$$2CNO^- + 3ClO^- + H_2O = 2CO_2 + N_2 + 3Cl^- + 2OH^-$$

反应的 pH 是关键因素，第一步必须在碱性条件下进行，在 pH<8.5 时即有放出氰化氢的危险。一般选择 pH 9.5～10.5，既满足第一步的要求，又满足金属离子形成氢氧化物的条件。

6. 含钡废液的处理

处理方法：在废液中加入 Na_2SO_4 溶液，过滤生成的沉淀后，即可排放。

7. 含硼废液的处理

处理方法：把废液浓缩，或者用阴离子交换树脂吸附。对含有重金属的废液，应按含重金属的废液的处理方法进行处理。

8. 含氟废液的处理

处理方法：于废液中加入石灰乳，至废液呈碱性为止，并加以充分搅拌，放置一夜后进行过滤。滤液作为含碱废液处理。此法不能将氟的含量降到 8ppm 以下。要进一步降低氟的浓度时，需用阴离子交换树脂进行处理。

9. 含银废液的处理

根据废液中银的存在形式大致可以用以下几种方法。

（1）对于可溶性银盐（如 $AgNO_3$ 溶液），向含银废液中加入过量的饱和氯化钠溶液，生成氯化银沉淀。去掉上清液，用布氏漏斗过滤，将沉淀物充分水洗，将沉淀物移至烧杯，加入 2～3 倍量的水，每 100mL 溶液中加入 1∶1 盐酸 5～10mL，可以利用银的金属活动性较弱，加入一些较活泼的金属，如铝箔、铜片、棒状（或粒状）锌等，使溶液里的银离子在这些金属表面析出，搅拌后析出灰色的银。液体变透明后，弃掉上清液，除去活泼金属，然后用布氏漏斗过滤，用温水洗净、烘干。使用粒状锌时，用少量盐酸将锌完全溶解后过滤为佳。

$$2Ag^+ + Cu = 2Ag + Cu^{2+}$$

（2）对于难溶性银盐（如 AgCl），可以利用一些活泼金属置换出银。例如，用锌片置换出银：

$$2AgCl + Zn = 2Ag + ZnCl_2$$

还可以把氯化银沉淀和碳酸钠粉末混合后在高温下反应，制得单质银。

（3）若银以配离子形态存在，如定影液中的$[Ag(S_2O_3)_2]^{3-}$，要先加入硫化钠溶液，产生硫化银沉淀，然后加强热得到单质银。

9.9　无机类实验废渣的处理

无机化学实验室废渣的组成也十分复杂，有无毒或低毒的废玻璃、废纸屑等，也有强毒性的化学试剂、反应产物等。这些废渣数量虽然不多，但是，目前对实验室废渣处理或处置还没有任何制约条例，任意丢弃废渣的现象时有发生。有毒、有害的废渣直接丢弃到垃圾道，造成实验室废渣进入城市垃圾体系，这将直接影响人体的健康。有些实验室采用固化、定点深埋的处理方法，但是，重金属进入土壤后，可能通过多种途径进入人类的食物链，从而引发人体的神经系统、消化系统、血液系统病变，而这是一个大家都忽视了的问题。

对这些废渣，可以准备专用容器，分类收集。种类较多时，可分为可利用和不可利用两类收集，种类较少时，可以一剂一容器，个别收集。

9.10　有机类实验废液的处理方法

有机类废液中，废弃的有机溶剂占有较大的比例，一般这些有机溶剂毒性较大，若直接排放对环境的污染较大。但其中大部分都可以回收使用，实验中要注意把用过的废溶剂倒入指定回收瓶中，集中回收的有机溶剂通常先在分液漏斗中洗涤，经过滤、脱水（如加入无水氯化钙）后重新蒸馏或分馏处理加以精制、纯化，所得有机溶剂纯度高，在对实验没有影响的情况下，可反复使用。可溶于水的物质，容易成为水溶液流失，回收时要加以注意。对甲醇、乙醇及乙酸类溶剂，能被细菌作用而易于分解。所以对这类溶剂的稀溶液经用大量水稀释后，即可排放。对于其他有机类实验废液，应根据废液的来源、成分、性质等不同，尽可能优先采取萃取、蒸馏、结晶等方法，分离、回收其中有用的成分。

高浓度有机废液处理方法有焚烧法、氧化分解法、水解法、溶剂萃取法以及生物化学处理法等。

（1）焚烧法。由于有机物具有很好的可燃性，因此有机溶剂、有机残液、废料液等可采用焚烧法进行处理。焚烧法处理有机废液就是在高温条件下，将有机物进行氧化分解使其生成水、CO_2 等无害物质后排入大气，COD 的去除率可达 99% 以上。焚烧法是在高温条件下，利用空气深度氧化处理有机废液中有机物的有效手段，是最易实现工业化的方法。化工行业排放的有机废液可采用此方法进行最终处置，尤其是一些浓度高、组分复杂、污染物没有回收利用价值而热值较高的废液，可直接采用焚烧法处理。

（2）氧化分解法。氧化分解法常用的工艺过程就是让废液经过氧化还原反应，使得毒性高的污染物转化成毒性低的物质，然后经过混凝、沉淀将污染物从反应体系中除去。

（3）水解法。水解法属于厌氧生物处理，适用于高浓度废水初步处理，使细菌利用污染物作为食物进行生长，来消耗水中的污染物，以实现废水净化。

（4）溶剂萃取法。溶剂萃取法是利用化合物在两种互不相溶的溶剂中溶解度或分配系数的不同，使化合物从一种溶剂转移到另外一种溶剂中。经过反复多次萃取，将绝大部分的化合物提取出来。一般有机溶剂亲水性越大，与水做两相萃取的效果就越不好，因为其能使较多的亲水性杂质伴随而出，对有效成分进一步精制影响很大。

（5）生物化学处理法。生物化学处理法是利用微生物的代谢作用，使废水中呈溶解和胶体状态的有机污染物转化为无害物质，以实现净化的方法。可分为需氧生物处理法和厌氧生物处理法。需氧生物处理法是利用微生物分解废水中的有机污染物，使废水无害化的处理方法。厌氧生物处理法是利用厌氧微生物降解废水中的有机污染物，使废水净化的方法。

9.10.1 含有机溶剂废液的处理

实验中用过的有机溶剂如有机萃取剂，溶剂如醇类、酯类、有机酸、酮及醚等废液，若量小且浓度低时，可采用焚烧法、氧化分解法、水解法以及生物化学处理法处理达标后排放，若量大（如氯仿、四氯化碳），应尽量回收，循环使用，可采取蒸馏、精馏、溶剂萃取法等纯化处理后回收再利用。但在使用前应进行空白试验，符合标准后才能使用。

（1）含甲醇、乙醇、乙酸类的可溶性溶剂的处理。进行蒸馏精制，对馏出液回收使用，由于这些溶剂易被自然界细菌分解，低浓度时也可以用水稀释后达标排放。

（2）氯仿的处理。将氯仿废液置于分液漏斗中，依次用水、浓硫酸（用量为氯仿的 1/10）、纯水、盐酸羟胺（0.5%，分析纯）洗涤。用重蒸馏水洗后，再用无水碳酸钾脱水，放置几天，过滤后蒸馏，收集 76～77℃的馏分，密闭保存，回用。

（3）四氯化碳的处理。将含有铜试剂的四氯化碳置于分液漏斗中，用纯水洗 2 次，再用无水氯化钙干燥，过滤后蒸馏，收集 76～78℃的馏分（含双硫腙的四氯化碳要先用硫酸洗 1 次，然后同上述操作）。

（4）烃类及其含氧衍生物的处理。较好的方法是用活性炭吸附，处理工艺流程为先经过简单分离，把废水中的有机相分离出来，再经过活性炭二级吸附，COD 的去除率可达到 93%，同时活性炭还吸附部分无机重金属离子。

（5）乙醚及四氢呋喃的处理。用过的或放置时间过长的乙醚及四氢呋喃中会有不安全的过氧化物产生，必须还原除去。

（6）乙酸乙酯的处理。将使用过的乙酸乙酯用水洗几次，然后用硫代硫酸钠稀溶液洗涤几次，使之褪色，再用水洗几次后用无水碳酸钾脱水，放置几天后过滤蒸馏，弃去开始蒸馏的部分，收集 76～77℃的馏分。

9.10.2　含酚废水的处理

此类废液包含的物质：苯酚、甲酚、萘酚等。

低浓度的含酚废水可加入次氯酸钠或漂白粉，使酚氧化成二氧化碳和水，反应方程式如下：

$$C_6H_6O + 14NaClO = 6CO_2 + 3H_2O + 14NaCl$$

高浓度的含酚废水可用乙酸丁酯萃取，再用少量氢氧化钠溶液反萃取。经调节 pH 值后，进行重蒸馏回收，提纯（精制）即可使用。

注意事项：

（1）尽量回收溶剂，在对实验没有妨碍的情况下，可反复使用。

（2）为了方便处理，其收集往往分为：可燃性物质、难燃性物质、含水废液、固体物质等。

（3）可溶于水的物质，容易成为水溶液流失。因此，回收时要加以注意。但是，对甲醇、乙醇及乙酸类溶剂，能被细菌作用而易于分解，所以对这类溶剂的稀溶液，经用大量水稀释后，即可排放。

（4）含重金属等的废液，将其有机物质分解后，作为无机类废液进行处理。

9.11　收集、储存一般应注意的事项

（1）下面所列的废液不能互相混合：

（i）过氧化物与有机物；

（ii）氰化物、硫化物、次氯酸盐与酸；

（iii）盐酸、氢氟酸等挥发性酸与不挥发性酸；

（iv）浓硫酸、硫酸、羟基酸、聚磷酸等酸类与其他的酸；

（v）铵盐、挥发性胺与碱。

（2）要选择没有破损以及不会被废液腐蚀的容器进行收集。将所收集的废液的成分及含量，贴上明显的标签，并置于安全的地点保存。特别是毒性大的废液，尤其要十分注意。

（3）对硫醇、胺等会发出臭味的废液和氰、磷化氢等有毒气体的废液，以及易燃性大的二硫化碳、乙醚类废液，要对其加以适当的处理，防止泄漏，并应尽快进行处理。

（4）含有过氧化物、硝化甘油类爆炸性物质的废液，要谨慎地操作，并应尽快处理。

（5）含有放射性物质的废弃物，用另外的方法收集，并必须严格按照有关的规定，严防泄漏，谨慎地进行处理。

（6）处理含有络离子、螯合物类的废液时，如果有干扰成分存在，要把含有这些成分的废液另外收集。

（7）沾附有有害物质的滤纸、包药纸、废活性炭及塑料容器等物品，不要丢入垃圾箱内。要分类收集，加以焚烧或做其他适当的处理，然后保管好残渣。

（8）对甲醇、乙醇、丙酮及苯类用量较大的溶剂，原则上要回收利用，并将其残渣加以处理。

（9）玻璃碴不得倒入下水道，应按规定处理后置于指定容器内，集中处理。

（10）无污染的废玻璃、废移液管等也要放到玻璃回收的容器里。

（11）以下物品如不沾有毒及生化、放射等危险物质，则可作为常规污物处理：①手套；②称量纸；③称量瓶；④抹布；⑤pH 试纸；⑥过滤纸。

主要参考文献

北京大学化学与分子工程学院实验室安全技术教学组. 2012. 化学实验室安全知识教程[M]. 北京：北京大学出版社.

曹传堂. 2010. 实验室低值品管理探讨[J]. 科技信息，（34）：768-769.

陈雅莉，张晓东. 2013. 谈高校实验室废液的安全管理[J]. 高校实验室工作研究，3：65-66.

邓吉平，李羽让，李勤华，等. 2014. 实验室化学废弃物安全管理的探索与实践[J]. 实验室研究与探索，33（1）：283-286.

段培. 2012. 浅谈化验室危险化学药品管理方法[J]. 中国石油和化工标准与质量，（8）：234.

何积秀，张建英，倪吾钟，等. 2008. 高校实验室废弃物污染的现状及防治措施[J]. 实验技术与管理，25（9）：160-162.

贾小娟，吴兵，高九德，等. 2011. 规范高校实验室危险化学品管理[J]. 实验室研究与探索，30（11）：191-193.

江莉，刘小梅. 2010. 高校实验室仪器设备管理的现状及改进措施[J]. 广东化工，37（6）：175-176.

李彩霞，彭实. 2008. 中国台湾省学校实验废弃物的管理及启示[J]. 环境科学与管理，33（12）：11-13.

李广艳. 2014. 浅析高校化学类科研实验室的危险化学品管理[J]. 实验室研究与探索，33（11）：301-304.

李勤，李秀珍，王征，等. 2011. 建设实验室废弃物安全管理体系探讨[J]. 实验技术与管理，28（2）：191-193.

李天鹏，孙婷婷. 2012. 高等学校危险化学品安全管理模式研究[J]. 安全与环境工程，19（5）：93-95，99.

梁晓锋，刘科财. 2008. 高校低值易耗品管理的问题与对策[J]. 科技信息，24（31）：569.

刘秋文，任光明，范建凤. 2015. 谈化学实验室仪器设备管理模式的改进[J]. 高校实验室工作研究，12：85-87.

刘伟明. 2013. 常见化学物品的中毒与急救[J]. 微量元素与健康研究，30（1）：72-74.

刘雪凌，张培兰. 2012. 浅析高校化学实验室废弃物的综合处理[J]. 化学通报，75（5）：476-480.

卢少然，罗学柳，蔡晓辉. 2009. 实验室废液处理中存在的问题与对策[J]. 实验室研究与探索，28（3）：279-281.

吕陈燕，Nguyen N，陈全. 2010. 美国高校实验室废弃物安全管理浅析[J]. 中国安全生产科学技术，6（2）：192-196.

马志成，胡阁，李肇国，等. 2011. 高校基础化学实验室废弃物处理的调查研究[J]. 实验室研究与探索，30（5）：179-182.

彭绍春，张继霞，刘琦，等. 2016. 高校材料、低值品和易耗品管理的有益探索[J]. 实验技术与管理，33（3）：272-276.

钱小明. 2010. 高校实验室化学废弃物的处理与思考[J]. 实验技术与管理，27（2）：158-160.

乔薇，陈慧珍，叶燕媚，等. 2011. 构建新校区绿色化学实验平台的探索与实践[J]. 实验室研
　　究与探索，30（12）：187-189.

滕利荣，孟庆繁. 2008. 高校教学实验室管理[M]. 北京：科学出版社.

魏利滨，沈丽. 2007. 高校化学实验室常见废弃物的无害化处理方法[J]. 实验室科学，（2）：
　　173-175.

谢焰. 2009. 高校实验室仪器设备管理的"八用"原则及实践[J]. 实验室科学，（5）：134-136.

徐伟亮. 2005. 基础化学实验[M]. 北京：科学出版社.

杨小青，黄文霞，罗一帆. 2011. 高校实验室三废来源及防治管理[J]. 实验室研究与探索，30（8）：
　　423-425.

杨毅萍. 2007. 谈高校化学实验室低值易耗品的管理[J]. 太原师范学院学报（自然科学版），
　　6（4）：96-98.

中国环境监测总站《环境水质监测质量保证手册》编写组. 1994. 环境水质监测质量保证手册[M].
　　2 版. 北京：化学工业出版社.

周海涛，陈敬德，周勤. 2012. 高校实验室化学废弃物回收处置[J]. 实验室研究与探索，31（8）：
　　460-462.

周尽晖，丁玲，王世杰，等. 2014. 高校实验废弃物的安全防治措施[J]. 高校实验室工作研究，
　　（4）：71-73.

周学兵，徐蕾，陈嵘徐. 2015. 普通高校实验室技术队伍建设与管理[J]. 实验室研究与探索，
　　30（2）：243-245.

邹鸿雁，郑春雨，温岩. 2013. 对高校实验室仪器设备管理的探讨[J]. 长春工业大学学报（高
　　教研究版），34（3）：29-30.

附录1　高等学校实验室工作规程

中华人民共和国国家教育委员会〔1992〕20号

第一章　总　　则

第一条　为了加强高等学校实验室的建设和管理，保障学校的教育质量和科学研究水平，提高办学效益，特制定本规程。

第二条　高等学校实验室（包括各种操作、训练室），是隶属学校或依托学校管理，从事实验教学或科学研究、生产试验、技术开发的教学或科研实体。

第三条　高等学校实验室，必须努力贯彻国家的教育方针，保证完成实验教学任务，不断提高实验教学水平；根据需要与可能，积极开展科学研究、生产试验和技术开发工作，为经济建设与社会发展服务。

第四条　实验室的建设，要从实际出发，统筹规划，合理设置。要做到建筑设施、仪器设备、技术队伍与科学管理协调发展，提高投资效益。

第二章　任　　务

第五条　根据学校教学计划承担实验教学任务。实验室完善实验指导书、实验教材教学资料，安排实验指导人员，保证完成实验教学任务。

第六条　努力提高实验教学质量。实验室应当吸收科学和教学的新成果，更新实验内容，改革教学方法，通过实验培养学生理论联系实际的学风，严谨的科学态度和分析问题、解决问题的能力。

第七条　根据承担的科研任务，积极开展科学实验工作。努力提高实验技术，完善技术条件和工作环境，以保障高效率、高水平地完成科学实验任务。

第八条　实验室在保证完成教学科研任务的前提下，积极开展社会服务和技术开发，开展学术、技术交流活动。

第九条　完成仪器设备的管理、维修、计量及标定工作，使仪器设备经常处于完好状态。开展实验装置的研究和自制工作。

第十条　严格执行实验室工作的各项规范，加强对工作人员的培训和管理。

第三章　建　　设

第十一条　高等学校实验室的设置，应当具备以下基本条件：

（一）有稳定的学科发展方向和饱满的实验教学或科研、技术开发等项任务；

（二）有符合实验技术工作要求的房舍、设施及环境；

（三）有足够数量、配套的仪器设备；

（四）有合格的实验室主任和一定数量的专职工作人员；

（五）有科学的工作规范和完善的管理制度。

第十二条　实验室建设、调整与撤销，必须经学校正式批准。依托在高等学校中的部门开放实验室、国家重点实验室的建设、调整与撤销，要经过学校的上级主管部门批准。

第十三条　实验室的建设与发展规划，要纳入学校及事业总体发展规划，要考虑环境、设施、仪器设备、人员结构、经费投入等综合配套因素，按照立项、论证、实施、监督、竣工、验收、效益考核等"项目管理"办法的程序，由学校或上级主管部门统一归口，全面规划。

第十四条　实验室的建设要按计划进行。其中，房舍、设施及大型设备要依据规划的方案纳入学校基本建设计划；一般仪器设备和运行、维修费要纳入学校财务计划；工作人员的配备与结构调整要纳入学校人事计划。

第十五条　实验室建设经费，要采取多渠道集资的办法。要从教育事业费、基建费、科研费、计划外收入、各种基金中划出一定比例用于实验室建设。凡利用实验室进行有偿服务的，都要将收入的一部分用于实验室建设。

第十六条　有条件的高等学校要积极申请筹建开放型的国家重点实验室、重点学科实验室或工程研究中心等实验室，以适应高科技发展和高层次人才培养的需要。

第十七条　高等学校应通过校际间联合，共同筹建专业实验室或中心实验室。也可以同厂矿企业、科研单位联合，或引进外资，利用国外先进技术设备，建立对外开放的实验室。

第十八条　凡具备法人条件的高等学校实验室，经有关部门的批准，可取得法人资格。

第四章　体　　制

第十九条　高等学校实验室工作，由国家教育委员会归口管理。省、自治区、直辖市、国务院有关部委的教育主管部门负责本地区或本系统高等学校实验室工作。

第二十条　高等学校应有一名校（院）长主管全校实验室工作并建立或确定主管实验室工作的行政机构（处、科）。该机构的主要职责是：

（一）贯彻执行国家有关的方针、政策和法令，结合实验室工作的实际，拟定本规程的实施办法；

（二）检查督促各实验室完成各项工作任务；

（三）组织制定和实施实验室建设规划和年度计划，归口拟定并审查仪器设备配备方案，负责分配实验室建设的仪器设备运行经费，并进行投资效益评估；

（四）完善实验室管理制度。包括：实验教学、科研、社会服务情况的审核评估制度；实验室工作人员的任用、管理制度；实验室在用物资的管理制度；经费使用制度等；

（五）主管实验室仪器设备、材料等物资，提高其使用效益；

（六）主管实验室队伍建设。与人事部门一起做好实验室人员定编、岗位培训、考核、奖惩、晋级职务评聘工作。

规模较大的高校，系一级也可设立相应的实验室管理岗位或机构。

第二十一条　高等学校实验室逐步实行以校、系管理为主的二级管理。规模较大、师资与技术力量较强的高校、也可实行校、系、教研室三级管理。

第二十二条　实验室实行主任负责制。高等学校实验室主任负责实验室的全面工作。

第二十三条　高等学校可根据需要设立实验室工作委员会，由主管校长、有关部门行政负责人和学术、技术、管理等方面的专家组成。对实验室建设、高档仪器设备布局科学管理、人员培训等重大问题进行研究、咨询，提出建议。

第五章　管　　理

第二十四条　实验室要做好工作环境管理和劳动保护工作。要针对高温、低温、辐射、病菌、毒性、激光、粉尘、超净等对人体有害的环境，切实加强实验室环境的监督和劳动保护工作。凡经技术安全的环境保护部门检查认定不合格的实验室，要停止使用，限期进行技术改造，落实管理工作。待重新通过检查合格后，才能投入使用。

第二十五条　实验室要严格遵守国务院颁发的《化学危险品安全管理条例》及《中华人民共和国保守国家秘密法》等有关安全保密的法规和制度，定期检查防火、防爆、防盗、防事故等方面安全措施的落实情况。要经常对师生开展安全保密教育，切实保障人身和财产安全。

第二十六条　实验室要严格遵守国家环境保护工作的有关规定，不随意排放废气、废水、废物、不得污染环境。

第二十七条　实验室仪器设备的材料、低值易耗品等物资的管理，按照《高等学校仪器设备管理办法》、《高等学校材料、低值易耗品管理办法》、《高等学校物资工作的若干规定》等有关法规、规章执行。

第二十八条　实验室所需要的实验动物，要按照国家科委发布的《实验动物管理条例》，以及各地实验动物管理委员会的具体规定，进行饲育、管理、检疫和使用。

第二十九条　重点高等学校综合性开放的分析测试中心等检测实验室，凡对外出具公证数据的，都要按照国家教委及国家技术监督局的规定，进行计量认证。计量认证工作先按高校隶属关系由上级主管部门组织对实验室验收合格后部委所属院校的实验室，由国家教委与国家技术监督局组织进行计量认证；地方院校的实验室，由各地省政府高校主管部门与计量行政部门负责计量认证。

第三十条　实验室要建立和健全岗位责任制。要定期对实验室工作人员的工作量和水平考核。

第三十一条　实验室要实行科学管理，完善各项管理规章制度。要采用计算机等现代化手段，对实验室的工作、人员、物资、经费、环境状态信息进行记录、统计和分析，及时为学校或上级主管部门提供实验室情况的准确数据。

第三十二条　要逐步建立高等学校实验室的评估制度。高等学校的各主管部门，可以按照实验室基本条件、实验室管理水平、实验室效益、实验室特色等方面的要求制定评估指标体系细则，对高等学校的实验室开展评估工作。评估结果作为确定各高等学校办学条件和水平的重要因素。

第六章　人　　员

第三十三条　实验室主任要由具有较高的思想政治觉悟，有一定的专业理论修养，有实验教学或科研工作经验，组织管理能力较强的相应专业的讲师（或工程师）以上人员担任。学校系一级以及基础课的实验室，要由相应专业的副教授（或高级工程师）以上的人员担任。

第三十四条　高等学校的实验室主任、副主任均由学校聘任或任命；国家、部门或地区的实验室、实验中心的主任，副主任，由上级主管部门聘任或任命。

第三十五条　实验室主任的主要职责是：

（一）负责编制实验室建设规划和计划，并组织实施和检查执行情况；

（二）领导并组织完成本规程第二章规定的实验室工作任务；

（三）搞好实验室的科学管理，贯彻、实施有关规章制度；

（四）领导本室各类人员的工作，制定岗位责任制，负责对本室专职工作人员的培训及考核；

（五）负责本室精神文明建设，抓好工作人员和学生思想政治教育；

（六）定期检查、总结实验室工作，开展评比活动等。

第三十六条　高等学校实验室工作人员包括：从事实验室工作的教师、研究人员、工程技术人员、实验技术人员、管理人员和工人。各类人员要有明确的职责分工。要各司其职，同时要做到团结协作，积极完成各项任务。

　　第三十七条　实验室工程技术人员与实验技术人员的编制，要参照在校学生数，不同类型学校实验教学、科研工作量及实验室仪器设备状况，合理折算后确定。有条件的学校可以进行流动编制。

　　第三十八条　对于在实验室中从事有害健康工种的工作人员，可参照国家教委（1988）教备局字 008 号文件《高等学校从事有害健康工种人员营养保健等级和标准的暂行规定》，在严格考勤记录制度的基础上享受保健待遇。

　　第三十九条　实验室工作人员的岗位职责，由实验室主任根据学校的工作目标，按照国家对不同专业技术干部和工作职责的有关条例规定及实施细则具体确定。

　　第四十条　实验室各类人员的职务聘任、级别晋升工作，根据实验室的工作特点和本人的工作实绩，按照国家和学校的有关规定执行。

　　第四十一条　高等学校要定期开展实验室工作的检查、评比活动。对成绩显著的集体和个人要进行表彰和鼓励，对违章失职或因工作不负责任造成损失者，进行批评教育或行政处分，直至追究法律责任。

第七章　附　　则

　　第四十二条　各高等学校要根据本规程，结合本校实际情况，制定各项具体实施办法。

　　第四十三条　本规程自发布之日起执行。教育部一九八三年十二月十五日印发的《高等学校实验室工作暂行条例》即行失效。

附录 2 关于印发《高等学校仪器设备管理办法》的通知

教高〔2000〕9 号

各省、自治区、直辖市教委（教育厅）、部属高等学校：

为了进一步加强对高等学校仪器设备的管理，提高使用效益，使其更好地为教学、科研服务。教育部在广泛征求意见的基础上，组织了对 1984 年原国家教委颁布的《高等学校仪器设备管理办法》的修定工作。

现将修定后的《高等学校仪器设备管理办法》印发给你们，请遵照执行，并请将实施过程中出现的问题和意见及时反馈给我部高教司。

教育部
二〇〇〇年三月二十一日

附件：高等学校仪器设备管理办法

第一章 总 则

第一条 为了加强对高等学校仪器设备的管理，提高其使用效益，根据《行政事业单位国有资产管理办法》、《高等学校实验室工作规程》的有关规定，制定本办法。

第二条 学校要在统一领导、归口分级管理和管用结合的原则下，由一位校（院）长分管仪器设备工作，并结合学校的具体情况，确定学校仪器设备的管理体制，明确机构和职责。

第三条 学校的仪器设备均为学校财产，对各种渠道购置、经营或非经营型的仪器设备应按照统一规定管理。仪器设备根据价格、性能等因素分别确定为部、省、校、院、系级管理。

学校配备仪器设备要实行优化配置的原则，要根据本校的实际，制定仪器设备申请、审批、购置、验收、使用、保养、维修等的管理制度，实行岗位责任制，充分发挥仪器设备的使用效益。

第四条   学校采购仪器设备，要做到力争优质低价，防止伪劣产品流入学校。进口仪器设备，到货后要在索赔期内完成验收工作，不合格的要及时提出索赔报告。

所购仪器设备在校级主管设备的部门入账后，财务部门方可予以报销，做到各部门仪器设备账物相符。管理范围的价格起点与财政部规定的固定资产价格起点一致。

第五条   仪器设备在使用中要保持完好率，根据需要做到合理流动，实行资源共享，杜绝闲置浪费、公物私化。仪器设备的调拨、报废必须按照有关规定，经技术鉴定和主管部门审批（备案）。有关收入交学校按照财务管理规定执行。

第六条   学校要对仪器设备的资料建立档案，实施计算机管理。对仪器设备的种类、数量、金额、分布及使用状况经常进行分析、研究和汇总，并按有关规定如期、准确上报各类统计数据。要加强校内、外网络资源建设，逐步做到有关数据网上传输，充分利用现代化手段实现对仪器设备的资源共享和科学化管理。

第七条   学校仪器设备的管理，必须贯彻勤俭办学的方针，从本校的实际出发，充分挖掘现有仪器设备潜力，重视维修、功能开发、改造升级、延长寿命的工作。学校要积极鼓励自制新型教学、科研仪器设备，经技术鉴定合格后登记入账。

第八条   学校从事仪器设备工作的人员，应具有相应的专业知识水平和业务能力，管理人员应具备相应的管理知识。学校要重视仪器设备工作人员队伍的建设，提供各种参加培训、研讨、考察活动的机会。对在实验技术方面作出成绩并取得成果的人员应给予奖励。要制定行之有效的业务考核及技术等级晋升办法，使他们热爱本职工作，努力提高业务及管理水平。

第二章   贵重仪器设备的购置

第九条   单价在人民币 10 万元（含）以上的仪器设备为贵重仪器设备。

第十条   教育部所管的贵重仪器设备范围。

1、单价在人民币 40 万元（含）以上的仪器设备；

2、单台（件）价格不足 40 万元，但属于成套购置或需配套使用，整套在人民币 40 万元（含）以上的仪器设备；

3、单价不足人民币 40 万元，但属于国外引进、教育部明确规定为贵重、稀缺的仪器设备。

各省级教育行政部门和各高等学校可根据实际情况，明确各自所管贵重仪器设备的范围。

第十一条   高等学校应根据教育事业和学科的发展规划，合理制定仪器设备的购置方案。

1、购置仪器设备的可行性论证报告

（1）仪器对本校、本地区工作任务的必要性及工作量预测分析（属于更新的仪器设备要提供原仪器设备发挥效益的情况）；

（2）所购仪器设备的先进性和适用性，包括仪器设备适用学科范围，所选品牌、档次、规格、性能、价格及技术指标的合理性；

（3）欲购仪器设备附件、零配件、软件配套经费及购后每年所需不低于购置费6%的运行维修费的落实情况；

（4）仪器设备工作人员的配备情况；

（5）安装场地、使用环境及各项辅助设施的安全、完备程度；

（6）校、内外共用方案；

（7）效益预测及风险分析。

2、仪器设备的审批程序

（1）校内申请单位提交可行性论证报告；

（2）校级主管部门根据具体情况组织相关学科专家及学校有关人员对可行性报告进行论证，提出具体意见；

（3）报主管校（院）长审批；

（4）教育部及省级教育行政部门所管的仪器设备，必要时由教育部及省级教育行政部门组织同行专家进行评审。

第十二条　高等学校要建立切实可行的仪器设备购置和监督机制，实施公开招标或集团采购等方式，在节约学校经费的同时确保所购仪器设备的质量。

第三章　贵重仪器设备的使用和管理

第十三条　各校购置仪器设备，要选择能明确完善仪器设备安装、调试、验收、索赔、保修，并能随时提供零配件的公司或厂家，保证所购仪器设备符合所需要的技术指标，并在验收合格后，能在可用期内正常运转。

第十四条　仪器设备要逐台建立技术档案，要有使用、维修等记录。要按照国家技术监督局有关规定，定期对仪器设备的性能、指标进行校检和标定，对精度和性能降低的，要及时进行修复。

第十五条　高等学校仪器设备要实行专管共用、资源共享。各机组要在完成本校教学、科研任务的同时，努力开展对社会各单位的协作咨询、分析测试、培训等技术服务工作。要在开展校内、校际和跨部门协作共用的同时，积极培训能独立操作仪器设备的人员，并建立岗位责任制度，努力提高仪器设备使用率。要尽量使用外单位已有的仪器设备，避免出现区域性仪器设备的重复购置。

第十六条　高等学校使用仪器设备的收费标准应根据不同情况有所区别。

学校对内教学使用仪器设备不得收费，科研使用仪器设备可收取部分机时费。

学校仪器设备对外服务应按有关规定收取机时费，所收经费由学校主管部门统一管理。学校主管部门将其中大部分经费返还有关实验室，实验室应根据学校、省级、国家级主管部门制定的相关管理办法，将返还的经费用于补偿仪器设备的运行、消耗、维护、维修及支付必要的劳务费用。

第十七条　仪器设备一般不准拆改和解体使用。确因功能开发、改造升级或研制新产品需拆改解体时，应经学校主管设备的部门批准。

第十八条　仪器设备配备人员的数量和结构层次，应以能保证仪器设备的正常运转和充分发挥效益为原则。

仪器设备的使用、维修、管理人员必须经过培训和考核，实行"持证上岗制"，并建立相应的岗位责任制和管理办法。

第四章　贵重仪器设备的报损和报废

第十九条　因技术落后、损坏、无零配件或维修费过高确需报废的仪器设备，要根据《行政事业单位国有资产处置管理实施办法》及时报损报废。

学校仪器设备报废工作按照国家有关规定进行。

1、学校仪器设备所属单位提交报废申请；

2、学校主管部门组织有关专家审议，提出技术鉴定报告和意见；

3、报主管校（院）长审批；

4、根据国家有关规定报主管部门审批或备案。

第二十条　报废仪器设备收回的残值，应根据《高等学校财务制度》、《高等学校会计制度（试行）》，纳入学校年度设备经费。

第五章　贵重仪器设备的考核与奖惩

第二十一条　高等学校仪器设备的使用和管理要实行考核制度。

1、每年年终，由学校院、系（所、中心）根据《高等学校贵重仪器设备效益年度评价表》，对部管仪器设备进行自考核工作，对校管仪器设备的考核范围和内容可做适当调整；

2、学校主管部门组织检查、核实，并向全校公布；

3、教育部每年公布部管仪器设备（03 类）使用情况，并不定期组织检查和评估工作；

4、省级教育行政部门自定每年检查所管仪器设备使用情况的办法。

第二十二条　高等学校仪器设备的使用和管理要实行奖惩制度。对在申请购置、使用管理、保养维修、技术改造等各项工作中成绩优秀的机组和个人，学校应及时予以奖励；对严重失职者要依情节轻重，依法追究当事人及负责人的责任。

第六章　附　　则

第二十三条　各省级教育行政部门、高等学校应根据本办法，结合本地区、学校的实际情况，制定仪器设备的管理办法。

第二十四条　属于财政部规定的固定资产起点线以下的，属高等学校材料、低值、易耗品的管理工作，各高校可根据有关文件精神，结合当前实际状况，自行制定管理办法。其中对于学校化学危险品的管理工作，要严格按照《关于加强高等学校实验室危险品管理工作的通知》文件精神进行管理。

第二十五条　本办法自 2000 年 4 月 1 日起开始施行。

附录3 教育部关于开展高等学校实验教学示范中心建设和评审工作的通知

教高〔2005〕8号

各省、自治区、直辖市教育厅（教委），部直属高等学校：

为贯彻落实国务院批转教育部《2003-2007年教育振兴行动计划》和教育部第二次普通高等学校本科教学工作会议的精神，推动高等学校加强学生实践能力和创新能力的培养，加快实验教学改革和实验室建设，促进优质资源整合和共享，提升办学水平和教育质量，我部决定在高等学校实验教学中心建设的基础上，评审建立一批国家级实验教学示范中心，现就有关事项通知如下：

一、建设目标

实验教学示范中心的建设目标是：树立以学生为本，知识传授、能力培养、素质提高协调发展的教育理念和以能力培养为核心的实验教学观念，建立有利于培养学生实践能力和创新能力的实验教学体系，建设满足现代实验教学需要的高素质实验教学队伍，建设仪器设备先进、资源共享、开放服务的实验教学环境，建立现代化的高效运行的管理机制，全面提高实验教学水平。为高等学校实验教学提供示范经验，带动高等学校实验室的建设和发展。

国家级实验教学示范中心采取学校自行建设、自主申请，省级教育行政部门选优推荐，教育部组织专家评审的方式产生。从2005年至2007年，分批建立100个左右国家级实验教学示范中心。各省、自治区、直辖市应建立省级实验教学示范中心，形成国家级、省级两级实验教学示范体系。

二、建设内容

实验教学示范中心应以培养学生实践能力、创新能力和提高教学质量为宗旨，以实验教学改革为核心，以实验资源开放共享为基础，以高素质实验教学队伍和完备的实验条件为保障，创新管理机制，全面提高实验教学水平和实验室使用效益。

国家级实验教学示范中心主要应具有：

1. 先进的教育理念和实验教学观念

学校教育理念和教学指导思想先进，坚持传授知识、培养能力、提高素质协调发展，注重对学生探索精神、科学思维、实践能力、创新能力的培养。重视实验教学，从根本上改变实验教学依附于理论教学的传统观念，充分认识并落实实验教学在学校人才培养和教学工作中的地位，形成理论教学与实验教学统筹协调的理念和氛围。

2. 先进的实验教学体系、内容和方法

从人才培养体系整体出发，建立以能力培养为主线，分层次、多模块、相互衔接的科学系统的实验教学体系，与理论教学既有机结合又相对独立。实验教学内容与科研、工程、社会应用实践密切联系，形成良性互动，实现基础与前沿、经典与现代的有机结合。引入、集成信息技术等现代技术，改造传统的实验教学内容和实验技术方法，加强综合性、设计性、创新性实验。建立新型的适应学生能力培养、鼓励探索的多元实验考核方法和实验教学模式，推进学生自主学习、合作学习、研究性学习。

3. 先进的实验教学队伍建设模式和组织结构

学校重视实验教学队伍建设，制定相应的政策，采取有效的措施，鼓励高水平教师投入实验教学工作。建设实验教学与理论教学队伍互通，教学、科研、技术兼容，核心骨干相对稳定，结构合理的实验教学团队。建立实验教学队伍知识、技术不断更新的科学有效的培养培训制度。形成一支由学术带头人或高水平教授负责，热爱实验教学，教育理念先进，学术水平高，教学科研能力强，实践经验丰富，熟悉实验技术，勇于创新的实验教学队伍。

4. 先进的仪器设备配置思路和安全环境配置条件

仪器设备配置具有一定的前瞻性，品质精良，组合优化，数量充足，满足综合性、设计性、创新性等现代实验教学的要求。实验室环境、安全、环保符合国家规范，设计人性化，具备信息化、网络化、智能化条件，运行维护保障措施得力，适应开放管理和学生自主学习的需要。

5. 先进的实验室建设模式和管理体制

依据学校和学科的特点，整合分散建设、分散管理的实验室和实验教学资源，建设面向多学科、多专业的实验教学中心。理顺实验教学中心的管理体制，实行中心主任负责制，统筹安排、调配、使用实验教学资源和相关教育资源，实现优质资源共享。

6. 先进的运行机制和管理方式

建立网络化的实验教学和实验室管理信息平台，实现网上辅助教学和网络化、智能化管理。建立有利于激励学生学习和提高学生能力的有效管理机制，创造学生自主实验、个性化学习的实验环境。建立实验教学的科学评价机制，引导教师积极改革创新。建立实验教学开放运行的政策、经费、人事等保障机制，完善实验教学质量保证体系。

7. 显著的实验教学效果

实验教学效果显著，成果丰富，受益面广，具有示范辐射效应。学生实验兴趣浓厚，积极主动，自主学习能力、实践能力、创新能力明显提高，实验创新成果丰富。

8. 显明的特色

根据学校的办学定位和人才培养目标，结合实际，积极创新，特色显明。

三、国家级实验教学示范中心评审范围

（一）评审范围

国家级实验教学示范中心评审面向全国各类本科院校，一般应是承担多学科、多专业实验教学任务的公共基础实验教学中心、学科大类基础实验教学中心和学科综合实验中心，重点是受益面大、影响面宽的基础实验教学中心。以物理、化学、生物、力学、机械、电子、计算机、医学、经济管理、传媒、综合性工程训练中心等学科和类型为主。

（二）申报要求

1. 申报条件。申报国家级实验教学示范中心，应为高等学校校、院级管理的实验教学中心，教学覆盖面广，形成规模化的实验教学环境，具备网上开放教学、开放管理的条件，具有高水平教授负责、组合优化的实验教学团队，教学效果突出。

2. 申报程序。国家级实验教学示范中心的申报，由学校向学校所在地省级教育行政部门提出申请，经省、自治区、直辖市教育行政部门组织专家评选汇总后，统一向教育部申报。

3. 申报材料。国家级实验教学示范中心申报材料包括申请书和相关支持材料（如实验教学中心录像，典型教学案例录像，典型教材样本、多媒体课件等）。

（三）评审方式

1. 评审方式。教育部根据不同学科、不同类型实验教学中心申报的情况，组织专家采取网络评议、集中评审、学校答辩、现场考察等不同方法相结合的方式进行评审。

2. 受理机构。国家级实验教学示范中心申报受理、组织评审和年度评审工作的具体部署由教育部高等教育司负责。

四、国家级实验教学示范中心的设立

通过教育部组织评审的高等学校实验教学中心，经网上公示后，授予"国家级实验教学示范中心"称号，予以公布。国家级实验教学示范中心应上网展示主要内容，承担相应的培训，宣传推广经验，扩大受益面，充分发挥其在全国范围的示范辐射作用。

国家级实验教学示范中心每五年进行复审。其间，实行年度报告上网公布，并视情况进行中期检查或抽查。对不合格者将取消"国家级实验教学示范中心"称号。

各省、自治区、直辖市教育行政部门和高等学校要高度重视这项工作，根据本通知精神和本地区、本学校的实际情况，科学规划，加大投入，加强领导，精心组织，尽快启动实验教学示范中心的建设和评审工作。

教育部

二〇〇五年五月十二日

附录4 教育部 国家环境保护总局关于加强高等学校实验室排污管理的通知

教技〔2005〕3号

各省、自治区、直辖市教育厅（教委）、环保局，教育部属各高等学校：

随着高等教育的发展和高校科技创新能力的提升，高校实验室的科研教学活动更加频繁，实验室废气、废液、固体废弃物等的排放及其污染问题日渐凸现，越来越引起社会的关注。为规范和加强高校实验室排污管理工作，防止实验室废物污染危害环境，维护环境和公共安全，保障人民身体健康，促进建立和谐型社会，特通知如下：

一、地方各级教育行政部门和环境保护行政主管部门要提高对高校实验室排污管理工作的认识，切实加强领导和协调配合，将高校实验室、试验场等排污纳入环境监督管理范围，做到部署具体，措施到位，监管有效。

二、地方各级教育行政部门要建立健全高校实验室排污管理制度，指导、监督所在地高校实验室按照国家有关环境保护的法律法规，加强实验过程中的废气、废液、固体废物、噪声、辐射等污染防治工作，积极支持有利于环境与资源保护的实验技术和方法的研究、开发以及示范和推广工作。

三、地方各级环境保护行政主管部门，应对本辖区高校实验室严格执行排污申报登记制度、危险废物污染监控与处置制度、新化学物质环境管理制度、放射源与射线装置安全许可制度等，要全面做到稳定达标排放，有效防治高校实验室排污对环境和公众安全的影响，协同促进高等教育和科技事业的健康发展。

四、各高校应切实履行国家、地方环境保护法规和制度，落实专人负责环境保护工作，建立健全本校实验室排污管理规章制度和环境保护责任制，加强相关科研人员、研究生的环保教育和培训工作，把环境保护工作、尤其是实验室排污管理纳入学校日常工作计划，将实验室污染防治费用纳入学校年度预算。

实验室应定期登记和汇总本实验室各类试剂采购的种类和数量，存档、备查并报当地环境保护行政主管部门。实验室科研教学活动中产生和排放的废气、废液、固体废物、噪声、放射性等污染物，应按环境保护行政主管部门的要求进行申报登记、收集、运输和处置。严禁把废气、废液、废渣和废弃化学品等污染物直接向外界排放。

废气、废液、固体废物、噪声、放射性等污染物排放频繁、超出排放标准的实验室，应安装符合环境保护要求的污染治理设施，保证污染治理设施处于正常工作状态并达标排放。不能自行处理的废弃物，必须交由环境保护行政主管部门认可、持有危险废物经营许可证的单位处置。

危险废物的暂存、交换、运送和处置，应严格执行转移联单制度，接触危险物品的实验室器皿、包装物等，必须完全消除危害后，才能改为他用或废弃。

对使用性质调整、改变或废弃的实验室、试验场等，应在彻底消除污染隐患后，向当地环境保护行政主管部门登记备案；禁止将废弃药品以及已受污染的场地、建筑物、设备、器皿等转移给不具备污染治理条件的单位或个人使用；禁止丢弃有毒有害固体废物、废液等。

五、提倡实验室采用无毒、无害或者低毒、低害的试剂，替代毒性大、危害严重的试剂；采用试剂利用率高、污染物产生量少的实验方法和设备；应尽可能减少危险化学物品和生物物品的使用；必须使用的，要采取有效的措施，降低排放量，并分类收集和处理，以降低其危险性。鼓励高校实验室之间建立信息共享、试剂交换机制，尽可能地提高利用率，最大限度地降低试剂库存发生污染的危险。

六、提倡各高校，按照国家有关环境管理体系认证的规定，向国家认证认可监督管理部门授权的认证机构提出认证申请，通过环境管理体系认证，提高学校和实验室环境管理水平。

七、有污染物排放的实验室、试验场要建立环境污染事故预防和应急体系及报告机制，制定突发环境污染事件应急预案并配备应急设备，防止环境污染事故的发生。

八、对实验室污染防治措施不得力，造成污染的实验室，根据情节轻重，教育行政部门会同环境保护行政主管部门按有关规定，对学校及其相关实验室进行处理并通报；违反法律、法规的，依法给予处罚，并追究有关当事人法律责任。

二〇〇五年七月二十六日

附录5 关于印发高等学校基础课教学实验室评估办法和标准表的通知

教备[1995]33 号

各省、自治区、直辖市教委，教育厅、文教办（教卫委），北京、天津市、广东省高教局（厅）：

为了贯彻《中国教育改革和发展纲要》的实施意见，保障高等学校办学的基本条件，执行《高等学校实验室工作规程》，加强教学实验室的建设与管理，保证基础课的教学质量，提高实验室投资效益。经过一年的试点和广泛征求各地不同类型高等学校的意见后，现将修改定稿的"高等学校基础课教学实验室评估办法"和"高等学校基础课教学实验室评估标准表"印发给你们，请认真研究，精心组织高等学校开展评估工作。

附件：1. 高等学校基础课教学实验室评估办法
　　　2. 高等学校基础课教学实验室评估标准表

附件 1：高等学校基础课教学实验室评估办法

根据《高等学校实验室工作规程》（国家教育委员会令第二十号），要逐步建立高等学校实验室的评估制度的要求，特制订本办法。

一、评估目的

推动高等学校基础课（含技术基础或专业基础课）教学实验室的建设，在设置、教学、设备、环境、队伍、制度等方面普遍达到基本条件和要求，改善实验教学手段，加强实验室的规范化管理，提高实验教学水平和投资效益，更好地为培养合格人才服务。

二、范围

适用于基础课与基本训练的实验室（含技术基础课或专业基础课）。

三、评估标准及应用

本评估标准，是基础课（含技术基础课或专业基础课）教学实验室条件合格评估标准，教学质量和实验室水平评估规范应按有关规定进行。评估标准的体系分为六项 39 条目。其中重点条目（带*号）19 条，一般条目 20 条。每条有评估内容、评估标准、评估方式、自评、评估、记事等栏目。"自评"是指各高校自己评估的结论，"评估"是上级主管部门评估的结论，"记事"是记录该条目特色或不合格的主要差距等内容。评估要按各条目逐条评估。所有评估条目全部合格的，该实验室即为评估合格。如有一条重点条目或累计有四条以下一般条目不合格的实验室，在二个月内整改后可请评估组二位专家复核。如有二条重点条目或累计五条一般条目不合格的，即为不合格实验室，需要认真整改，待下一个年度重新申请评估。评估合格有效期为五年。

四、实施办法

（一）自行评估

各高校根据《高等学校基础课教学实验室评估标准表》（见附件 2，以下简称标准表）规定的各条标准组织自评。

（二）地区评估

学校自评合格的实验室由学校提出申请报请省、自治区、直辖市教委、高教局、教育厅组织地区评估；国务院有关部委所属高校，可在地区评估之前，组织本系统所属高校进行实验室评估工作；但必须按所在省、自治区、直辖市参加地区评估；地区评估的面不少于各高校应评估实验室总数的 3/4；评估合格的实验室，由省、自治区、直辖市教委、高教局、教育厅颁发合格证书，并报国家教委备案；国家教委根据全国各地的进展不定期地组织抽查。

（三）国家教委评估

对于争取进入 211 工程的高校的基础课（含技术基础课或专业基础课）教学实验室，在参加地区评估合格后，由学校提出申请报请国家教委组织评估验收。国家教委采取抽样方式评估，抽样数量不少于应评估数的 1/4。评估结果将向社会公布。

（四）操作办法

1、评估组一般由 5 人组成。其中专职教师 3 人，管理专家 2 人。设组长 1 人，副组长 1 人。

学校自评的评估组在学校领导授权后，一般可由实验室主管处牵头设立；地区评估的评估组，由各省、自治区、直辖市教委、高教局、教育厅负责组建；国家教委的评估组由国家教委条件装备司牵头组建。

2、评估采取现场实地考核评估方式，学校提供有关资料和数据，每位评估专家按照"标准表"上的内容逐条进行评审（听、问、考、查），然后逐条汇总 5 位评估专家的"标准表"，进行统计、审议，确定合格条目数。并写出实验室评估结论意见书。高等学校基础课（含技术基础或专业基础课）教学实验室，评估意见书格式附后。

3、评估汇总资料及结论意见书，学校自评的由实验室主管处负责存档管理；地区评估的由省级教育行政部门负责存档管理，作为学校总体办学条件的重要内容，提供给有关部门使用或向社会公布。

一九九五年七月六日

附件 2：高等学校基础课教学实验室评估标准表

学校名称_____ 实验室名称_____ 实验室主任_____

自评组组长（签字）_____年_____月_____日

评估组组长（签字）_____年_____月_____日

1. 体制与管理

序号	评估内容	评估标准	评估方式	自评	评估	记事
1-1*	实验室的建立	实验室的建立经过学校正式批准或认可	查阅学校批准文件或认可文件，确认有文件记 Y，无文件记 N			
1-2*	管理机构	实验室有主管的处（科），有主管校长。主管处（科）能结合实际贯彻《高等学校实验室工作规程》（以下简称《规程》）第二十条规定的六项主要职责	查阅学校文件和有关管理资料确认有主管机构和主管校长，能贯彻记 Y，否则记 N			
1-3	建设计划	实验室有建设规划或近期工作计划	查阅学校建设规划或工作计划文件中有无实验建设的内容。有记 Y，无记 N			
1-4	体制	实验室实行校（院）、系两级管理体制	现场调查实验室的管理体制，查看校级文件，属于校（院）、系级管理的记 Y，无文件记 N			
1-5	管理手段	实验室基本信息和仪器设备信息实现了计算机管理	查阅实验室或主管机构的计算机管理的数据库文件确认。实现的记 Y，否则记 N			

2. 实验教学

序号	评估内容	评估标准	评估方式	自评	评估	记事
2-1	教学任务	有教学大纲或教学计划实验室承担的教学任务饱满，达到每学年不低于 9 个教师的教学工作量，培训 50 名学生，即不低于 64800 人时数（4×9×36×50）	查阅本门课程教学大纲或教学计划对本室所开实验的要求，查阅上年度对学生实验人时数记录，达到的记 Y，达不到的记 N			

序号	评估内容	评估标准	评估方式	自评	评估	记事
2-2*	教材	有实验教材或实验指导书	检查所开实验项目的实验教材或指导书，有的记 Y，没有记 N			
2-3*	实验项目管理	每个实验项目管理规范，记载有实验名称，面向专业，组数，主要设备名称规格型号，数量以及材料消耗额等	检查所开每个实验的卡片或教材，文字材料或计算机管理数据库文件。有的记 Y，没有的记 N			
2-4	实验考试或考核	有考试或考核办法并具体实施	检查实验考试或考核办法，学生的试卷或成绩记录。有的记 Y，没有的记 N			
2-5	实验报告	有原始实验数据记录，教师签字认可，有实验报告	抽查三个组实验的原始数据记录及经批改的三份实验报告。有的记 Y，没有的记 N			
2-6	实验研究	有实验研究和成果	检查实验研究（含实验教学法、实验技术、实验装置的改进）的计划、设计、总结。有的记 Y，没有的记 N			
2-7*	每组实验人数	基础课达到 1 人 1 组；技术基础课 2 人 1 组。某些实验不能 1 人（或 2 人）完成的，以满足实验要求的最低人数为准，要保证学生实际操作训练任务的完成	抽查两周实验课表及实验使用仪器套数计算。达到的记 Y，达不到的记 N			

3. 仪器设备

序号	评估内容	评估标准	评估方式	自评	评估	记事
3-1*	仪器设备管理	仪器设备的固定资产账、物、卡相符率达到100%	抽查 20 台（件）。其中以物对卡 10 台（件），以卡对物 10 台（件），仪器设备分类号、名称、型号、校编号，完全正确的记 Y，达不到的记 N			
3-2*	低值耐用品管理	单价低于 500 元的低值耐用品的账物相符率不低于 90%	抽查 10 件账（卡）物核对，其名称、规格、型号、价格，差错不得超过 1 件，达到的记 Y，达不到的记 N			
3-3	仪器设备的维修	仪器设备的维修要及时	检查仪器损坏维修的原始记录本，维修及时的记 Y，不及时或无维修的记 N			
3-4	仪器设备完好率	现有仪器设备（固定资产）完好率不低于80%	抽查 5 台不同类型仪器设备的 3 项主要性能指标，不能正常工作的不超过 1 台。达到的记 Y，达不到的记 N			
3-5	精密仪器大型设备管理	单价 5 万元以上的仪器设备（计量、校验设备除外）要有专人管理和技术档案，每台年使用机时不低于 400 学时	检查管理人员名单、报表、技术档案及开机使用的原始记录，达到的记 Y，达不到的记 N，无此项的记 0			

序号	评估内容	评估标准	评估方式	自评	评估	记事
3-6	仪器设备的更新	仪器设备更新率达到以下要求： $G=\dfrac{\text{近十年该类新品种仪器设备的台件数}}{\text{该类仪器设备总台件数}}\times100\%$ 机电类（04000000）$G>30\%$；电子类（03190000，03020000，05000000）$G>75\%$；计算机类（05010100，05010200，05010300）$G>90\%$	由计算机数据库中调出统计计算，按《高等学校仪器设备分类编码手册》的类别计算，达到的记 Y，达不到的记 N			
3-7	教学实验常规仪器配置套数	每个实验项目的常规仪器配置套数，不低于5套（大型设备及系统装置例外）	抽查 5 个实验项目的常规仪器确认每个项目均达到 5 套的记 Y，达不到的记 N			

4. 实验队伍

序号	评估内容	评估标准	评估方式	自评	评估	记事
4-1*	实验室主任	实验室主任由学校按规定任命或聘任，有高级技术职务，能认真贯彻《规程》第三十五条规定的实验室主任六项主要职责	检查学校任命或聘任文件是否实行主任负责制。考察实验室主任工作情况的资料、记录。符合的记 Y，不符合的记 N			
4-2*	专职人员	实验室专职技术人员有 3 人以上，以满足工作需要，具体人数由学校定编	由计算机管理数据库中调出分析，或实际考察确认。达到的记 Y，达不到的记 N			
4-3	人员结构	专职人员中，高级技术职务人员要占 20% 以上	由计算机管理数据库中调出分析，或实际考察确认。达到的记 Y，达不到的记 N			
4-4	教学与实验技术人员的比例	参加实验教学的教师要比实验室专职技术人员多 2 倍	由计算机管理数据库中调出分析，或实际考察确认。达到的记 Y，达不到的记 N			
4-5*	岗位职责	实验室主任、技术人员和工人有岗位职责及分工细则，专职技术人员每人有岗位日志	检查实验室岗位职责文件，现场考察人员分工及落实情况。达到的记 Y，达不到的记 N			
4-6*	人员的考核	实验室有对专职人员和兼职人员的具体考核办法和定期考核材料	检查考核办法（文件）和考核材料（表格和记录）。有的记 Y，没有的记 N			
4-7	人员培训	实验室有培训计划，并落实到专职人员	检查近 1~2 年培训计划及执行情况。有的记 Y，没有的记 N			
4-8	实验指导教师	对本学年首次开的实验要求指导教师试做，对首次上岗指导实验的教师有试讲要求	检查实验室的文件，考察执行情况。有的记 Y，没有的记 N，无此项内容的记 0			

5. 环境与安全

序号	评估内容	评估标准	评估方式	自评	评估	记事
5-1*	学生实验用房	实验室无破损，无危漏隐患，门、窗、玻璃、锁、搭扣完整无缺，墙面脱落及污损直径不超过 8cm。实验课上每个学生实际使用实验面积不低于 2m²，实验台、凳、架无破损，符合规范	现场考察，检查有实验课的实验课使用面积和容纳学生实验人数计算。达到的记 Y，达不到的记 N			
5-2*	设施及环境	实验室的通风、照明、控温度、控湿度等设施完好。能保证各项指标达到设计规定的标准。电路、水、气管道布局安全、规范	按国家的有关标准在实验室现场考察。达到的记 Y，达不到的记 N			
5-3*	安全措施	实验室有防火、防爆炸、防盗、防破坏的基本设备和措施。实验操作室、办公室、值班室及走廊不得存放自行车及生活用品	检查消防器材和四防措施，检查实验操作室与办公室、值班室是否分开。达到的记 Y，否则记 N			
5-4*	特殊技术安全	1. 高压容器存放合理，易燃与助燃气瓶分开放置，离明火 10 米以外；2. 使用放射性同位素的有许可证、上岗证；3. 使用有害射线的有超剂量检测手段；4. 对病菌、实验动物有管理措施；5. 对易燃、剧毒物品有领用管理办法	实际考察证件、文件，有该项内容的应达到要求，缺一不可。符合的记 Y，不符合的记 N，无此项内容的记 0			
5-5	环境保护	实验室有三废（废气、废液、废渣）处理措施，噪音少于 70dB	实际考察有措施，符合实际，基本合理不造成公害。达到的记 Y，达不到的记 N			
5-6*	整洁卫生	与实验室无关的杂物清理干净，实验室家具、仪器设备整齐，桌面、仪器无灰尘，地面无尘土、无积水，无纸屑、香烟头等垃圾，室内布局合理。墙面、门窗及管道、线路、开关板上无积灰与蛛网等杂物	现场实际考察实验室及室外走廊等处确认。符合的记 Y，不符合的记 N			

6. 管理规章制度

序号	评估内容	评估标准	评估方式	自评	评估	记事
6-1*	物资管理制度	实验室有仪器设备的管理制度，仪器设备损坏、丢失赔偿制度；低值耐用品管理办法；有精密仪器大型设备使用管理办法（或执行学校的办法）	现场实际考察，前三项应挂在墙上或放在明显处。有的记 Y，不全的记 N			
6-2*	安全检查制度	实验室有安全制度，成文挂在墙上，并有专人定期进行安全检查的制度	检查有无安全制度和专人定期检查记录。有的记 Y，不全的记 N			

续表

序号	评估内容	评估标准	评估方式	自评	评估	记事
6-3	学生实验守则	实验室有学生守则，学生能遵守	查有无守则，并现场调1~2名学生，确定Y或N			
6-4	工作档案管理制度	实验室建立工作档案管理制度并实施	检查有无制度及近一、二年实验室工作档案，如人员考核记录和工作记录，设备运行与维修等档案资料，有制度，实施的记Y，否则记N			
6-5*	人员管理制度	有各类人员岗位责任制度,培训、考核、晋升、奖惩制度或执行学校制度	有制度记Y，无制度记N			
6-6	基本信息的收集整理制度	实验室的任务，实验教学，人员情况等基本信息有收集、整理、汇总上报制度	检查实验室基本信息统计是否有制度，是否连续、全面。检查制度执行情况。有制度，实施的记Y，否则记N			

高等学校基础课（含技术基础或专业基础课）教学
实验室评估意见书

经评估组的逐项评估,确认＿＿＿＿＿＿＿＿＿＿＿＿大学(院、校)＿＿＿＿＿＿＿＿＿＿＿＿
实验室为条件合格实验室，同意报上级主管部门批准，颁发合格证书。

自评组组长（签字）＿＿＿＿＿＿＿＿＿年＿＿＿＿＿＿月＿＿＿＿＿＿＿日
评估组组长（签字）＿＿＿＿＿＿＿＿＿年＿＿＿＿＿＿月＿＿＿＿＿＿＿日

附录6 常见化学毒性物质中毒症状与急救方法

品名	主要症状	急救方法
氨	急性中毒：可出现流泪、咽痛、声音嘶哑、咳嗽、胸闷、呼吸困难，伴有头晕、头痛、恶心、呕吐、乏力、发绀、呼吸加快等。严重者可发生肺水肿、急性呼吸窘迫综合征，甚至窒息	迅速脱离现场，移至空气新鲜处，用大量清水冲洗眼和皮肤，保持呼吸道畅通，必要时可适当给氧，也可吸入温水蒸气，及时去除口、鼻分泌物。如发现口腔、咽喉溃烂，肺部严重损害症状和眼、皮肤灼伤者，应尽快送医院救治
镉	日常生活中镉中毒主要是长时间食入镀镉容器里面的食品引起的。表现为恶心、呕吐、腹痛、腹泻等胃肠道刺激症状，严重者伴有眩晕、大汗、虚脱、上腹感觉迟钝，甚至出现抽搐、休克。慢性镉中毒主要损害肾功能	迅速脱离现场至空气新鲜处。误服镉化物应及时给予催吐、洗胃和导泻。重症者为预防水肿，宜早期、足量、短程应用糖皮质激素。驱镉治疗可选用依地酸二钠钙或巯基类络合剂，并随时观测肾功能指标以确定用量
汞	吸入高浓度汞蒸气后口中有金属味，呼出气体也有汞味，头痛、头晕、恶心、呕吐、腹泻、全身疼痛、体温升高、牙齿松动、牙床及嘴唇有硫化汞的黑色、肾功能受损。皮肤接触后会出现红色斑丘疹，严重者出现剥脱性皮炎	吸入：应立即撤离现场，换至空气新鲜、通风的地方，有条件的还应全身淋浴和给氧吸入。驱汞治疗可用二巯丙磺钠肌内注射或二巯丁二钠静脉注射。如出现肾功能损伤，慎用驱汞治疗，应以治疗肾损害为主。误服少量金属汞不必治疗，可由粪便排除
氯	吸入氯气后会迅速发病，很快出现眼和上呼吸道的刺激反应、流泪、喉管强烈的灼痛、咳嗽、胸闷、气急、呼吸紧迫；有时伴有恶心、呕吐、食欲不振、腹痛、腹胀等胃肠道反应和头晕、头痛、嗜睡等症状。严重者可造成致命性损害	立即将患者移离现场至空气清新处，脱去污染衣物，对染毒皮肤及时用大量流动清水冲洗。呼吸困难时充分给氧，保持呼吸道畅通，注意安静、保暖、避免活动，防止病情加重。眼、鼻污染时，可用2%碳酸氢钠清洗并滴抗生素药水
氯化钡	误服者先期头晕、耳鸣、气短、全身无力、口周麻木，继而恶心、呕吐、腹部疼痛、腹泻，数小时后出现周身麻木、四肢发凉、肌肉麻痹、肢体活动障碍、瞳孔放射受阻，偶尔会伴有体温升高、低血钾等症状。重者可因呼吸麻痹致死	误服：立即漱口，用温水或5%硫酸钠溶液洗胃，然后再灌服少量硫酸钠，以与胃肠内未被吸收的钡结合成难溶、无毒的硫酸钡排出。还要注意及时补充钾盐，这是治疗钡中毒的重要措施之一。皮肤接触，可用温清水冲洗后用10%葡萄糖酸钙湿敷
砒霜	急性中毒，多为急性口入中毒，症状为急性肠胃炎，胃肠道黏膜水肿和出血、休克、中毒性心肌炎、肝炎，以及抽搐、昏迷等神经系统损害症状，重者可致死。慢性中毒，主要表现为神经衰弱综合征、肝损害、鼻炎、支气管炎等	迅速离开现场，立即漱口，饮牛奶或蛋清催吐，尽快用生理盐水或1%碳酸氢钠溶液和温清水洗胃，然后再用蛋白水（4只鸡蛋清加温开水一杯拌匀）、牛奶或活性炭进行吸附。解毒药物首选二巯丙磺钠，其次是二巯丁二钠，还要防止脱水、休克和电解质紊乱
强碱	接触者主要表现为局部红肿、水泡、糜烂、溃疡等。吸入中毒症状主要是剧烈咳嗽、呼吸困难、喉头水肿、肺水肿，甚至窒息。误服后导致口腔、咽部、食管及胃烧灼痛、腹部绞痛、排出血性黏液粪便、口和咽处可见糜烂创面等	误服：切忌洗胃、催吐，用弱酸如食醋、橘汁、柠檬汁、3%~5%乙酸等口服，继之服用生鸡蛋清加水、牛奶、植物油，保护消化道黏膜。皮肤接触：大量流动水持续冲洗，清水洗净后，可用3%硼酸溶液或2%乙酸溶液湿敷

续表

品名	主要症状	急救方法
强酸	吸入者出现呛咳（重者咳出血性泡沫痰）、胸闷、呼吸困难、发绀、喉头水肿，甚至导致窒息。皮肤接触：致局部灼伤、疼痛、红肿、水泡、坏死、溃疡，以后形成瘢痕。误服可致口腔、咽、食管、胃部均有烧灼伤，可发生穿孔。后期可伴肝、肾、心脏损害	误服：强酸类误服中毒时，一般禁忌催吐和洗胃，以防止食管和胃壁损伤。应立即选服 2.5%氧化镁溶液或石灰水上清液、氢氧化铝凝胶等。吸入：给氧，用 2%~5%碳酸氢钠溶液雾化吸入。皮肤接触：可用大量清水冲洗，或用 4%碳酸氢钠溶液冲洗，生理盐水冲净后，再按灼伤治疗
氢氟酸	吸入后迅速出现眼痛、流泪、流涕、喷嚏、鼻塞、嗅觉减退或丧失、声音嘶哑、支气管炎、肺炎或肺气肿等。皮肤接触后会局部疼痛或灼烧伤，严重时剧烈疼痛，皮损初期为红斑，迅速转为白色水肿，最后形成棕色或黑色焦痂	皮肤接触：立即用大量流水长时间彻底冲洗，氢氟酸灼伤治疗液（5%氯化钙 20mL、2%利多卡因 20mL、地塞米松 5mg）浸泡或湿敷。以冰硫酸镁饱和液浸泡。现场应用石灰水浸泡或湿敷。勿用氨水作中和剂。如有水泡形成，应做清创处理
溴	当浓度不大时，咳嗽、鼻出血、头晕、头痛、有时呕吐、腹泻、胸部紧束感；浓度大时，小舌呈褐色、口腔有黏液，呼出的气体有特殊的气味、眼睑水肿、咽喉水肿、伤风、剧咳、声音嘶哑、抽搐，还可伴有化学性肺炎或肺水肿	吸入：迅速脱离现场，移至空气新鲜处，平卧、安静、保暖，必要时给氧，如呼吸道损害严重，可给舒喘灵气雾剂、喘乐宁或 2%碳酸氢钠加地塞米松等雾化吸入。用稀碳酸氢钠溶液洗眼、嘴、鼻。皮肤灼伤：用 1 体积 25%氨加 1 体积松节油加 10 体积乙醇清洗
一氧化碳	轻度中毒：头痛、眩晕、恶心、呕吐等。中度中毒：除上述症状外，迅速发生意识障碍、全身软弱无力、瘫痪、意识不清，因意识加深而致死。重度中毒：迅速昏迷，很快因呼吸停止而死亡。经抢救存活者可有严重并发症及后遗症	立即将患者转移至空气新鲜处，松解衣服，但要注意保暖。对呼吸心跳停止者，立即行人工呼吸和胸外心脏按压，并肌注呼吸兴奋剂、回苏灵等，同时给氧。昏迷者针刺人中、十宣、涌泉等穴
氯磺酸	急性中毒：其蒸气对黏膜和呼吸道有明显刺激作用。主要临床表现为气短、咳嗽、胸痛、咽干痛、流泪、恶心、无力等。吸入高浓度时可引起频繁剧烈咳嗽、化学性肺炎、肺水肿。皮肤接触氯磺酸液体可致重度灼伤	吸入：脱离现场至空气新鲜处，注意保暖，保持呼吸道畅通。皮肤、眼睛接触：立即脱去污染的衣物，用流动清水冲洗。若有灼伤，按酸灼伤处理。误服：患者清醒时立即漱口、催吐、洗胃。饮蛋清或牛奶保护胃黏膜
乙醚	急性中毒：主要是呼吸道刺激症状、流涎、呕吐、面色苍白、体温下降、瞳孔散大、呼吸表浅而不规则，甚至呼吸突然停止，或出现脉速而弱，血压下降以至循环衰竭。有时伴有头昏、精神错乱、癫症样发作等症状	吸入：迅速移至空气新鲜处，给氧或给吸入含二氧化碳的氧气。有呼吸障碍时，酌用适量呼吸中枢兴奋药，必要时进行人工呼吸。误服：口服或灌入适量蓖麻油，继之催吐，并用温开水洗胃，至无乙醚味为止。如有肺水肿等症状，速做相应处理
三氯甲烷	急性中毒：头痛、头晕、恶心、呕吐、兴奋、皮肤湿热和黏膜刺激症状，以后呈现精神紊乱，呼吸表浅、反射消失、昏迷等。重者发生呼吸麻痹、心室纤维性颤动，同时可伴有肝、肾损害。可致癌	吸入：迅速移至空气新鲜处保温，吸入氧气或含有二氧化碳的氧气。静脉滴注高渗葡萄糖液以促进排泄，酌用其他电解质以纠正脱水及酸中毒；若少尿或无尿，可适当应用甘露醇。误服：可催吐并以温开水彻底洗胃。皮肤接触：迅速清洗，防止皮损
甲醛	吸入中毒轻者鼻、咽、喉部不适和灼烧感，重者可引起咳嗽、吞咽困难、支气管炎、肺炎，偶尔引起肺水肿。对眼和皮肤有刺激作用。误服者口、咽、食管和胃部出现灼烧感、上腹剧痛、呕吐、腹泻和肝、肾功能损害等。可致癌、致畸形	吸入：迅速移至空气新鲜处，必要时给氧，可雾化吸入 2%碳酸氢钠、地塞米松等。误服：可催吐并用温清水洗胃，然后口服少量稀碳酸铵或乙酸铵，使甲醛转化为毒性较小的六次甲基四胺。皮肤接触：先用大量清水冲洗，再用稀碳酸氢钠或肥皂水洗涤

续表

品名	主要症状	急救方法
苯	急性中毒：主要对中枢神经系统产生麻醉作用，出现昏迷、意志模糊、兴奋和肌肉抽搐。高浓度的苯对皮肤有刺激作用。慢性中毒：神经系统受损和出现造血障碍，有鼻出血、牙龈和皮下出血等临床表现。可致癌	吸入：立即脱离现场至空气新鲜处，给氧。皮肤接触：用肥皂水和清水冲洗污染的皮肤。误服：洗胃，可给予葡萄糖醛酸，注意防止脑水肿，心搏未停者忌用肾上腺素。慢性中毒：脱离接触，对症处理。有再生障碍性贫血者，可给予小量多次输血及皮质激素治疗
苯酚	吸入可引起头痛、头昏、乏力、视线模糊、肺水肿等。误服可引起消化道灼伤，呼出气带酚气味，呕吐物或大便可带血，可发生胃肠道穿孔，并可出现休克及肝、肾损害。皮肤灼伤：创面初期为无痛性白色起皱，后形成褐色痂皮	误服：给服植物油催吐，后微温水洗胃，再服硫酸钠。消化道已有严重腐蚀时勿给予上述处理。皮肤接触：可用50%乙醇擦拭创面或用甘油、聚乙二醇或聚乙二醇和乙醇混合液（7∶3，体积比）抹皮肤后，立即用大量流动清水冲洗，再用饱和硫酸钠溶液湿敷
敌敌畏	轻者头晕、头痛、恶心、呕吐、腹痛、腹泻、流口水、瞳孔缩小、看东西模糊、大量出汗、呼吸困难。严重者，全身紧束感、胸部压缩感、肌肉跳动、抽搐、昏迷、大小便失禁，脉搏和呼吸都减慢，最后均停止	误服：立即彻底洗胃，神志清楚者口服清水或2%小苏打水，接着用筷子刺激咽喉部，反复催吐。肌肉抽搐可肌内注射少量安定，及时清理口鼻分泌物，保证呼吸道畅通。适量注射阿托品，或氯解磷定与阿托品合用，药效有协同作用，可减少阿托品用量
甲醇	出现中枢神经系统症状和酸中毒，尤其以视神经、视网膜损害为主要特征。如头晕、步态不稳、意识障碍、视物模糊、眼前黑影、幻视、复视等。误服者上述症状及胃肠不适更为严重。另外，肝、肾也易受损害	吸入：应迅速撤离现场，移至空气清新处并保持呼吸道畅通，必要时给氧。误服：在清醒时可催吐，用稀碳酸氢钠溶液洗胃，硫酸钠导泻以排出甲醇。酸中毒或视神经损害者进行对症治疗。救治过程中应始终用软纱布遮盖双目以防光刺激